彩图 1　养牛散户养殖的肉牛

彩图 2　空空如也的养牛圈舍

彩图 3　牛场外围自有的排污林地

彩图 4　露天饲料储存处

彩图 5　混合好的肉牛饲料

彩图 6　西门塔尔品种母子外形几乎一致

彩图 7 利木赞品种的半大牛犊

彩图 8 夏洛莱品种的牛犊

彩图 9 骨架超好的夏洛莱"架子牛"

彩图 10　给育肥肉牛配制的
玉米秸秆粗饲料

彩图 11　　"代乳奶妈"和 4 个牛犊

彩图 12　拉稀现象轻微的牛犊

彩图 13　地方品种的初生牛犊

彩图 14　肉牛喜食的啤酒糟

彩图 15　青储玉米秸秆和其他饲料的搭配

彩图 16　临近出栏的肉牛正在进食

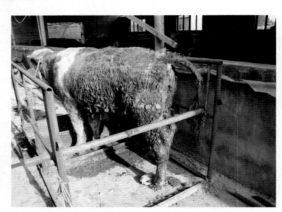

彩图 17　病情严重的牛

彩图 18　供牛饮水的水罐

彩图 19　仓库中储备的育肥牛精饲料

彩图 20　圈舍中正在育肥的肉牛

彩图 21　病牛一瞥

彩图 22　宽松适宜的养牛空间

彩图 23　健康无比的小牛犊

彩图 24　养殖区的消毒池

科技农业
高效农业

顾学玲 是这样养牛的

编著　顾学玲　金永来　金天恩

科学技术文献出版社
SCIENTIFIC AND TECHNICAL DOCUMENTATION PRESS
·北京·

图书在版编目（CIP）数据

顾学玲是这样养牛的 / 顾学玲，金永来，金天恩编著. —北京：科学技术文献出版社，2014.4（2015.11重印）

ISBN 978-7-5023-8686-3

Ⅰ.①顾…　Ⅱ.①顾…　②金…　③金…　Ⅲ.①肉牛—饲养管理　Ⅳ.①S823.9

中国版本图书馆 CIP 数据核字（2014）第 029366 号

顾学玲是这样养牛的

策划编辑：孙江莉　责任编辑：孙江莉　于欢欢　责任校对：张燕育　责任出版：张志平

出　版　者	科学技术文献出版社
地　　　址	北京市复兴路15号　邮编100038
编　务　部	（010）58882938，58882087（传真）
发　行　部	（010）58882868，58882874（传真）
邮　购　部	（010）58882873
官 方 网 址	www.stdp.com.cn
发　行　者	科学技术文献出版社发行　全国各地新华书店经销
印　刷　者	北京金其乐彩色印刷有限公司
版　　　次	2014 年 4 月第 1 版　2015 年 11 月第 2 次印刷
开　　　本	850×1168　1/32
字　　　数	181千
印　　　张	8　彩插8面
书　　　号	ISBN 978-7-5023-8686-3
定　　　价	19.80元

养蛇、养牛女人写给自己第一本养牛"处女作"的序

养蛇十多年后我又养上了肉牛，由于是从1992年春养蛇的那一天起，原来一直从事其他养殖业而转行的我和家人，恪守秉承着"以蛇为本"的基本养殖原则，我的蛇园不对外提供参观和游玩，为的是给所养的"蛇儿们"提供最安静和最好的生长环境。所以啊，我的蛇园是以"藏着掖着"的形式建造的，好多不知道的人还真以为我不养蛇而专门养殖肉牛呢。养蛇、养牛的女人之所以要把蛇园建造在场内最不显眼的地方，理由其实很简单：就是要"讨好"蛇、满足群蛇的原始习性，谁叫我养的蛇都喜欢僻静而厌恶嘈杂呢？为了我的一群"蛇儿们"好好生活着、健康成长着，只好"忍痛"把粉擦在屁股上，而不是常人所追崇的"有粉擦在脸上"了。

现在，只要有业务往来的人进到我的养殖场来，映入眼帘的首先是一字排开的几个钢架构造的养牛大棚，再近前仔细一看，就知道我不仅是个养蛇的女人，还是名副其实的养牛人。不，确切的说应该是"养牛女人"。看吧，一排排、一溜溜儿健壮的"牛牛们"，憨憨地全都被栓系在通透敞亮的双排圈舍里，它们或趴或站、或闭目养神、或口中慢慢地倒嚼着胃里反刍的"美味"。此情此景，百分百给来人呈现出一派安静祥和、回归田园农庄般的朴实感觉。美中不足的是养牛场那股特有的气味

1

也叫人家好生难忘。好在我养牛的时间久了，楞是直接闻不出来了，看来上了年岁的中年养牛女人，嗅觉有些下降的趋势已经显现了。

肉牛养殖的时间久了，相知熟悉的朋友们便开始"涮"我了，慢慢的有戏称"牛魔王"的、喊"铁扇公主"的、称"牛司令"的……还有好多不雅的，土的掉渣儿的，这里就不一一往外透露了，其实就像给我起外号似的，但我可不"允许"他们或她们由着性子叫"响"了，倒是最小的外甥女送的"牛妈妈"甚合我意。小外甥女眨巴着大眼睛柔柔地说："大姨妈每天给"牛牛们"买这买那的，就像我妈妈照顾我一样照料牛牛，大姨妈才是"牛牛们"的妈妈，看牛牛长得好、肥又壮，哞地仿佛在和大姨妈说话呢。你们看，牛牛对大姨妈又是舔又是闻的，就知道这个'牛妈妈'多称职啊！"

说句到家的话，我们好吃好喝的、多年如一日般伺候的几百头"牛牛们"，牛也确实没有"辜负"我和家人，个顶个长得真不赖，倒也很对得起我们。这不，除了养好现有的"牛牛们"外，紧挨着老的养牛场又给它们按了个"新家"。新的养殖场2012年春开工建设，下半年便已投入到肉牛的正常养殖使用中。每每可着劲儿的努力一大把，养牛女人感觉离梦想中的"标准化肉牛养殖场"又近了许多，这将是我继养蛇20年之后的另一个新目标，我也会如养蛇般一如既往付出自己最大的努力！

前　言

2003年的那场"非典"可谓让人记忆犹新，"事"儿虽过去了几年，但当时的情景仍叫我胆战心惊，每每想起便着实后怕。我记得很清楚，当时的专家们研究来研究去，最后把"非典"病毒的传播源"扣"在了蛇和果子狸头上，这一"扣"可是不得了，对那时经营蛇和果子狸的场家和养殖业户来讲，不啻于一次灭顶之灾，其后果就如霜后的茄子果蔬般，一下子便一振不起、直接蔫巴儿，惨状至今不敢想象。

几个月过后，各路专家们虽然给众蛇们"平反昭雪"了，但蛇的市场和不少商家早就被取缔了，恢复的兆头我等普通的养蛇户直接是看不到的，不知道以往红红火火的市场何时才能恢复到"非典"前。养蛇的我出路在哪里？不少同行因为没有依法办理经营许可证件而遭关闭，好在养蛇女人身处北方，加之养蛇之初早已按照国家相关部门的精神和要求，早早申领了全部的养蛇证件，遭受的经济损失还少点，但那时群蛇困在蛇园里销不出去，也令那时的我心事重重、坐卧不宁。虽然最后苦苦支撑半年有余又全部销售出去了，但我所受的煎熬没有经历过的人根本体会不到；养殖肉牛的念头，就是从"非典"那年的秋天开始闪现脑海并稳步实施养殖的。

俗话说："万事开头难，隔行如隔山。"至"非典"来临前，我养蛇已有十多年的时间了。其实，再想增加个新项目的念头早就有了，只是迟迟没有下手。毕竟当时自己手中多余的

3

闲钱实在少得可怜，一下子拿出大笔资金来养牛，的确困难重重，生怕把牛养砸了，连"老本"也亏进去。

上苍还是非常眷顾养蛇女人的，在我与家人奔波考察肉牛养殖项目时，专家们又及时纠正了"非典"病毒，不是寄生在蛇身上的权威说法。谢天谢地，加上专家们又说"非典"可防不可怕，关键是要提升个人的免疫力。坏事变好事，"非典"离去了，蛇也顺利出手了，我也就有资金能力养牛了。说干就干，一家人起上阵，有承办土地的、联系建筑队的、购买建材的，反正一个月有余，一处颇具规模的养牛场就挺立在我们蛇园的旁边，中间仅有一条约5米宽的农村机耕路，照顾起牛来也甚感方便。

时间如白驹过隙，一晃十多年又过去了。我家养的肉牛从最初的17头试养起步，慢慢发展到现如今的600～700头，年出栏2000头左右吧，我也由"养蛇女人"又多衍生出了一个头衔，变成了名副其实的"养牛女人"（我自封的，反正既不违反政策也不会有侵权行为），有知己好友还戏称我是"牛司令"呢！听听，养牛女人又"官升一级"呢！

养蛇、养牛女人的"口水文"至此，肉牛喂养的那个"点"儿也快到了，我该去看着饲养员们喂牛了。让"非典蛇儿不景气，养牛让我喜迎艳阳天"的自编顺口溜，作为我养牛处女作的开始语吧！

最后，养蛇女人请大家跟随我养牛的思绪，一起进入到肉牛养殖的"牛世界"吧。

目 录

第一章 肉牛养殖总体的概述和肉牛发展的前景

第一节 目前肉牛养殖总体的概述

1. 我国什么时间将肉牛养殖定为独立的养殖行业？

我国在20世纪的70年代，为了顺应畜牧业总体的高速发展，将肉牛定为畜牧业的独立养殖行业，同时并相继从国外引进了许多优良肉牛品种，用来与本地的传统牛进行改良杂交，全面提升了肉牛的品种和商品牛肉的品质。

80年代末，我国已经全面进入了改革开放脉动的大潮，随着国家对畜牧业诸多有益政策的强大支持和专项资金的倾斜，促使这期间肉牛的养殖也达到了一个前所未有的发展高峰，积极推动了国内肉牛养殖业的快速发展，带动更多的人参与其中，同走养牛致富路。

2. 我国的肉牛养殖业，将会呈现什么样的发展态势？

牛在我国历来就是六畜之首，老百姓对牛怀有很深的感情；牛在畜牧业的发展中也占有重要的地位，在国民经济中更有着十分重要的拓展和发展意义。随着人民生活水平或膳食理念的不断提高和稳步发展，人们对牛肉及牛肉产品的需求量骤然增加，这充分体现出改革开放带来的一系列实惠和巨大的好处，仅从牛肉需求量的大幅上升便可见一斑。

今后，商品牛肉畅通的消费趋势还将继续延伸或扩大。

牛肉的畅销趋势必会带动肉牛养殖业的快速发展。目前综合看来，这一良好的发展态势已成定局。所以，肉牛养殖业的前景和明天都将是十分美好、大快人心的。

3. 当前我国的肉牛养殖业蓬勃发展，都出现了哪些主要产牛区？

我国的肉牛养殖业现在可谓是全面"开花"，节节升高，如星星之火的燎原势态辐射了全国各地。但在20年前，肉牛的养殖主要限制在草原牧区，如新疆和内蒙古，这两大畜牧自治区是当时国内牛肉或牛肉制品的主要供给地。据国家畜牧部门那时的粗略统计，新疆和内蒙古所供应全国的牛肉数量比全国其他地区的牛肉总量还要多出许多。由此可见，20年前肉牛养殖的布局是多么的稀疏不均、发展滞后。

随着国家改革开放步伐的稳步推进、人们生活水平的不断提高、畜牧业的飞速发展及我国加入WTO后与国际的快速接轨，使得国内的肉牛养殖业一下子便跃入了均衡发展的快车道，牛肉产区的分布格局也在此时出现了颠覆性的喜人变化。首先是农业和畜牧业发展大省的山东、河南、安徽、河北等四省，率先在国内形成了第一大肉牛产区；随后是地域宽广、土地肥沃的粮农基地东北三省，即辽宁、吉林、黑龙江迅速发展并一跃成为国内第二大肉牛产区；紧接其后的是云南、贵州、湖南、湖北、四川及重庆也健步发展成了国内第三大肉牛产区。

至此为止，肉牛养殖业在我国呈现高速平稳的发展趋势。目前，国内的各个肉牛产区虽然发展迅速，但也有良莠不均、产出比不够十分理想的弊端，这也是肉牛养殖中不得不面对的一个残酷现实。看来，肉牛养殖发展的步子不能如井底之蛙般止步不前，其发展和拓展空间还是空前绝后、前所未有的。

4. 我国近年来已形成的肉牛产区间有明显的对比吗？

答案十分明显，肯定是有的。养牛女人下面将国内肉牛三大产区间的具体对比稍稍分析一下，或许对欲入行或入行不久的养牛散户或养牛新手，有些许的帮助。

（1）国内第一大肉牛产区的"中原肉牛带"

我国肉牛养殖业的产区布局虽发生了可喜的巨大变化，正在大踏步地实现从草原牧区向农区转移的积极发展态势。据有关畜牧权威部门的不完全统计，其中以第一大肉牛产区的"中原肉牛带"为龙头，现肉牛总存栏量约占全国总量的30%，而牛肉市场的供给量却占了接近50%。依据目前其健康良好的发展势头来看，有增无减、位居无可争议的榜首；这种快速发展的态势今后还将继续下去，稳坐肉牛养殖业或牛肉市场供给量的头把交椅，也是国内别的肉牛产区短期内无法跟进的事实。

（2）国内第二大肉牛产区的"东北肉牛带"

地域广袤、幅员辽阔、资源丰盛的祖国"粮仓"东北三省，肉牛养殖业近年来可谓蓬勃发展、如日中天，在国家强大粮农政策的优势支持下，迅速发展成为国内的第二大肉牛产区，被业界欣喜的誉为"东北肉牛带"。肉牛总存栏量约占全国总量的10%，牛肉的市场供给量却能达到20%以上，堪称养牛业界的奇迹。这些巨大成绩和荣耀光环的背后，离不开政府部门大量惠农政策的支持和肉牛繁殖育种基地及养牛场（户）自身的开拓创新、尽心经营，才使得肉牛养殖的步伐迈得既稳健又步大，目前已逐渐走在全国肉牛养殖行业的前列，是一面冉冉升起、极富良好发展的代表性旗帜，其未来的发展前景不可估量。

（3）国内第三产区肉牛的"西南肉牛带"

肉牛第三产区的"西南肉牛带"，虽涵盖的省区众多、地域更加延伸，其肉牛存栏量约占全国总量比例的30%，可牛肉的实际市场供给量却只有10%左右，与上述二大产区肉牛带动的良性循环形成了不对称的"负数"比对，且这一比例十分明显，似有继续加剧的危险。这是因为该区肉牛养殖的数量虽然看似群多庞大，但总的来说肉牛养殖总体的水平低下，肉牛多代杂交和提纯杂交的发展滞后，从而直接导致养殖期满后、肉牛出栏时体型普遍较小、出肉率低的诸多弊病，严重影响了牛肉直供市场的正常供给量。国内权威的肉牛专家给出行之有效的解决办法是：当地政府必须加大对肉牛养殖业的政策倾斜力度，协调涉农的金融部门给予宽泛的贷款资金支持，按需在畜牧部门的引领下逐步引进优良的肉牛品种，通过本地牛与品种杂交肉牛的保种杂交、轮回杂交、良种繁育的提纯杂交的先进技术，稳步又尽快地提升当地牛的杂交品系和杂交品种。只有在政府职能部门的大力支持下，畜牧部门才能更好的运用多次杂交、提纯杂交和优质中多次选良杂交的最新技术手段，稳步又逐渐的扩繁肉牛在当地的优良杂交种群，使该地区或辐射周边所养肉牛的出肉率稳步提高，稳保或不负国内肉牛产区第三的光荣称号。

其他约10%比例的肉牛带产区的养殖，目前多不集中、尚成不了规模，更没有瞩目相应的亮点或影响力，且都均匀的零星分布于本篇没有涉猎的所有省份或地区。肉牛养殖业发展越是滞后的地方，往往蕴藏有巨大诱人的发展空间或上升空间；同时更是具有非常大的肉品市场潜力，值得有志之士投资兴业、开拓发展，更不失百姓加入其中的前景和意义。

5. 国家对肉牛养殖行业有无利好政策？主要体现在哪些方面？

近年来，我们国家相继颁布了许多面向农村的惠农好政策，如荒地荒山和丘陵薄地的开发、林下种植和林下养殖的相关利好政策，肉牛养殖也在此范畴内。配合着国家惠民政策的颁布和顺利实施，各地对肉牛养殖业相继出台了一系列扶持政策，尤其在土地划分、租金支付、承包年限等方面，给肉牛养殖创业者提供了诸多实惠和方便，鼓励返乡农民工和大学生回乡创业，为下岗职工回农村办肉牛养殖场筹集资金，妇联为符合条件的创业妇女提供贴息或低息贷款等，以此来鼓励人们利用荒山荒地来大显身手、自主创业，大力发展市场前景看好的肉牛养殖业。

养牛女人已知许多养牛同行享受到了利好政策的"春风"。一旦规模化的肉牛养牛场在符合国家政策的前提下，成功"入围"的养牛场家往往都是几十万元、几百万元乃至上千万元的"大手笔"。国家扶持专项项目巨额资金的良性注入，让获益的养牛场顿时有了突飞猛进、一日千里的巨大发展机遇，感兴趣者可直接去当地的涉农部门或畜牧部门咨询了解。

6. 我国肉牛养殖业目前存在哪些亟需解决的问题？

虽然，我国肉牛养殖业持续发展的势头旺盛，各地肉牛的养殖或繁育形势一片大好。可摆在眼前亟需解决的现实是：肉牛养殖业较之其他成熟的传统畜牧业，依旧属于基础薄弱、发展缓慢的行业。在今后的肉牛养殖中要以市场需求为导向，逐步朝着专业化、规模化、农牧场集约化、合作标准化和家庭农场的路子健步迈进，全面提升或提高肉牛杂交的总体质量，以"安全生产、生态养殖、绿色无公害牛肉"为生产经营的目标，切实实施从产地到餐桌的全程安全监控，增强牛肉及牛肉产品在国内的竞争能力，使其确实成为百姓餐桌上不可缺少的重要一份子，为实现良好的可持续发展打下坚实基础。

第二节　肉牛养殖的发展前景及其经济效益

1. 牛肉在我国的销售都有哪些新的亮点？

我国人口众多，堪为世界第一，国人大都多有喜食牛肉的饮食习俗，是名副其实的牛肉消费大国。牛肉除满足亿万个家庭厨房的煮焖煎炸、日常膳食外，更多的是在传统意义上的饭店、宾馆内被大众消耗掉的。近年来，我国加入了WTO，除引进了先进的科技生产力外，还把带有异域风情、极吸引人眼球或味蕾的特色牛肉餐饮，也纷纷吸引到中国来"安家落户"，其营养丰富、口味各异、特色鲜明、价格适中或不菲的牛肉主流消费方式有：

（1）韩国的锡纸铁板烧牛肉，简称韩国烤肉或韩式烤肉，同风靡的韩剧一样颇受人们的喜爱和追捧。

（2）日式的东方铁板烤牛肉，日式烤肉在日本料理里多为常见，堪称拿手的好菜。

（3）法国牛排餐厅，主要以肉牛的大小排骨和肋骨为主，是名副其实的当家菜。

（4）匈牙利牛肉制品的卤味店，品种不下百余种，食后的人们总是称赞有加。

（5）土耳其人士开设的牛肉风味店，异域风味的品种众多，令人目不暇接、赞不绝口。

国内经济的飞速发展有目共睹，人们的食品营养和膳食结构也发生了翻天覆地的巨大变化，其形势是喜人的。从中我们不难看出，牛肉的需求量更是呈增长的快趋势，特别是大众化的牛肉消费群体在稳步上升，如各地大街小巷不断开张的大小烤肉店、夏日里街边巷尾的烧烤大排档、隆冬中的火锅店、路边众多的牛肉熟品便利店、牛肉生鲜店、回民特色店、超市清真专柜和集市上的牛肉摊点等，均可见到牛肉作为当家菜或品牌菜的"身影"。其实，各地像这类的平民化餐饮消费载体还会越来越多，在很大程度上拉动或带动了牛肉及牛肉制品总体的销售量。

2. 养殖肉牛的效益到底咋样？养牛散户和养牛新手养几头几十头肉牛能赚到钱吗？

众所周知，流传已久的俗话说得好：养殖业是个"飞不高、跌不重"的行业；但同时也有这样一句老话说得好："三百六十行，行行出状元。"言规正传，肉牛养殖业同时也是"养殖有风险，入行需慎重"。如果普通养牛散户和养牛新手初期试养几头或几十头肉牛的话，到底能不能靠养牛来赚到钱呢？（见彩图1）

2009年12月12日，在青州市当地农业部门和青州市畜牧局的组织下，养牛女人同几十位养殖同仁一起去了我们这里的大城市——潍坊，参加了"潍坊市农村科技致富带头人培训班"。在当天开班的培训课上，潍坊牧校王云洲教授所说的一番话，我认为特别适合并紧扣该篇"口水文"的小题目。虽说是几句简简单单、朗朗上口的顺口溜，可仔细揣摩下虽说有点夸张，但却不失情趣和现实，下面养牛女人摘抄下来和大家一同分享。

一家一户一头牛，老婆孩子热炕头，

一家一户两头牛，生活吃穿不用愁；

一家一户三头牛，三年五年盖洋楼；

一家一户一群牛，比蒙牛的老牛还要"牛"。

潍坊牧校王云洲教授顺口溜里的头三句话，其实就是养牛散户和养牛新手试养几头或几十头肉牛效益的真实写照，但第四句话可能就夸张的有些大了，我们就权当是专家和教授们的股切希望和真诚鼓励吧。

3. 怎样养殖肉牛才能赚钱稳定?

我们养好肉牛的目的就是为了赚钱。养牛女人敞亮的认为，时下赚钱不用藏着掖着，靠自己的辛苦劳作、发家致富后过上衣食无忧的好日子不丢人，在自己致富奔小康的同时，还能带动周边的人一起参与其中，同时还扩大了用工范围，让农村里身体尚可的50～60岁热衷于养殖业的闲散人员，不用外出奔波打工，甚至不用出村庄、在家门口就谋得一份自己喜欢的养牛工作，关键是家和养牛场离得比较近，饲养员家里的农活一概不耽搁，养牛、种地和农活，全都照顾俱全，我养牛场里的饲养员就全部是附近村庄有名的喂牛"老把式"。好了，这里不扯闲篇儿，言规正传。我们养牛人推崇的是："养能赚钱的牛，雇能赚钱的人，用能赚钱的料，使能赚钱的法，唱能赚钱的曲，编能赚钱"的养牛顺口溜儿。为了更好更贴切的卡上题目，使养牛顺口溜儿在便于记忆的同时又能朗朗上口，养牛女人没事时就和喜欢编词写曲的饲养员们凑在一起扯闲篇儿，你一句我一句的谈牛论牛，久而久之就编成了下面的养牛顺口溜儿。由于我的文化水平有限，尽管有的句子不算顺溜，但我的宗旨是只要大家能看懂就行，下来说来和同行一起分享：

养牛成功三件宝，

牛好料好管理好；

不讲科学凭侥幸；

想要赚钱不牢靠。

好牛到家识槽道，

适应性能特别好；

增重快来吃料少；
肥多瘦少卖价高。

大厂料好营养全，
货源充足价公道；
物美价廉牛牛爱；
味道适口头头饱。

群牛料比细考量，
精打细算是诀窍；
管理全凭精和细；
年年都出养牛招。

养牛好比一盘棋，
步步为营利润高；
不出漏洞天天好；
一旦出现莫心焦。

育肥时期任务重，
先后次序别混肴；
首抓卫生和环境；
圈舍一定通风好。

消毒防疫勿小觑，
群牛无病才长好；
初生牛犊倍呵护；
小牛落地就是宝。

养牛今像养孩子，

各项工作心操到；

千辛万苦算不上；

养好也能乐逍遥。

4. 养殖肉牛效益的提高都有哪些有效措施？

肉牛养殖效益的总是在养牛同仁们的不断揣摩下稳步提高，简洁扼要的说，主要有如下6种有效措施。

（1）选好肉牛的杂交品种，是提高肉牛养殖效益的有效措施之一

良种肉牛也叫杂交品种肉牛。这些杂交三代、杂交四代甚至杂交级别更高的品质肉牛，具有生长速度快、饲料报酬高，而且肉质好的独到优势。目前国内首选的肉牛品种主要以西门塔尔牛、利木赞牛、夏洛莱牛等为首选；高端肉牛品种有日本的和牛、意大利的皮埃蒙特牛，这二个肉牛品种尽管颇好，但其养殖周期长或投资颇多的原因，不太适合养牛散户和养牛新手引进养殖。

（2）开辟饲料来源，降低养殖成本，是提高肉牛养殖效益的有效举措之二

肉牛养殖成本中饲料的费用约占到70%，是养牛过程中最大的费用支出。饲料的问题应充分利用当地较为丰富的农副产品及其食品的下脚料，按需经进行适宜的加工或按配方合理调配混合后喂牛。此举完全可以满足所养肉牛的适口性，相应提高肉牛进食后的消化率。有条件者应适量种植牧草或各种有益中草药，同时更要搞好多种农作物秸秆的青储工作，以此来充分降低肉牛的养殖成本，变相提高肉牛养殖的经济效益。

（3）做好自繁自养的"文章"，减少异地购牛的费用，是提高肉牛综合养殖效益的有效举措之三

2013年以前，一头5～6月牛龄、体重150～200千克的肉用半大牛犊，价格在3000～6000元，目前已经飙升到8000到近万元左右；而养牛场自己繁育一头5～6月龄的半大牛犊，全部的费用加在一起，只需2000～4000元。此价格虽说只是一个大体概况，各地因种种原因差价始终较大，但半大牛犊总体上升的速度之快、上升的差价比之巨大，这些都是目前不争的事实、也是有目共睹的。综合全国各地肉牛市场的大致情况来看，今后半大牛犊价格下降或是大幅跌价的可能性几乎没有，这就是肉牛养殖中半大牛犊真实价格的真实体现，也是为啥一定要尽量做好自繁自养的重要性了。

（4）缩短养殖周期，适当甄选分批出栏，是提高肉牛养殖效益的有效举措之四

如果肉牛养殖的周期过于延长，相应的饲料成本势必会在无形中有所增加，导致获利的空间直线下降。因此，要学会并实行甄选分批出栏肉牛的养殖方法，即能出栏的肉牛要瞅准机会及时出栏上市，便于尽早回笼资金利于再循环；而达不到出栏要求的则继续科学喂养，待再好好精心"伺候"一段时间后，眼观其体重或膘情长起来并觉着合适了，再适时挑选着出栏不迟，后面的肉牛再行出售则以此类推。

总之，肉牛膘"满"出栏上市时千万不要死板，尽量不要一味遵循整进整出或齐出齐进、如割韭菜般齐刷刷的古板省事卖牛法。因为，肉牛的市场总是在千变万化的，价格永远也不会一成不变，价格高低的问题始终都是肉牛出栏上市的关键点，此赚钱的"点"一定要充分用心把握好，才能好牛卖个好价钱。

（5）掌握好市场信息，巧妙拓宽销售渠道，是提高肉牛养殖效益的有效举措之五

养牛散户和养牛新手在从事肉牛养殖之前，一定要做好当地或周边的肉牛市场调查。有机会时要多找有经验、养牛时间长的同行乃至"前辈"了解市场行情、综合预测和分析市场风险、摸透多种饲料的来源和价格等，只有好好地掌握了肉牛行内的知情权，才能主动又放心大胆的真正步入养牛行列。

其次，有条件的肉牛养殖场可以自己屠宰销售，形成养、宰、储、供的一条龙流水作业模式，使肉牛养殖后的利润最大化；也可多方联系外地的购牛商贩或知名的大型屠宰场。总之，一旦养牛后要尽量采用"多管齐下"的销售思路，以进一步拓宽出栏上市肉牛的销售渠道，全面提升肉牛养殖的经济效益。

（6）要向养牛专业合作社的方向发展，是全面提高肉牛养殖效益的有效举措之六

目前，各地的政府部门都在大力提倡农民专业合作社的经营模式，倡导各地应本着"因地制宜、吸引客户、合作共赢"的大思路，大力发展肉牛养殖的专业村庄、专业乡镇或专业县市，发挥肉牛专业大户带动周围养牛户的"帮扶带"作用，使肉牛养殖的模式转向专业化、规模化或地域化，充分发挥出规模养牛带来的最大优势和最大效益。反之，如果是分散分点的从事肉牛养殖，加之所养肉牛数量普遍较少的话，基本无法吸引远地而来的高价购牛商贩或大型的屠宰场家，可能在一定程度上还会导致肉牛滞销、价格上不去的弊病。

合作才能共赢，共赢才会有更好的发展机遇和经济效益。事实证明，肉牛养殖走合作共赢的路子，今后将会越走越宽广。

5. 怎么养殖肉牛才能较好的规避市场风险？

在当今的肉牛养殖业中，发展和赚钱永远是个永恒的、老生常谈的中心主要主题。肉牛行情好时，也就是外行人眼中"牛市"的幸福来临。盈利与规模，此时在个别的同行心里感觉不成正比，多会偷偷的"恨"自己的养牛规模太小了，那番懊恼又恍若没有赚到钱的感觉总是萦绕心头，似有挥之不去的些许感觉。"牛市"中赚了钱的养牛散户和养牛新手，手头一旦有了富余可支的流动资金后，接下来最想做的是什么呢？相信这里无需养牛女人过多的浪费笔墨，因绝大多数的人是想继续发展养殖规模，快速增加肉牛的存栏数量。殊不知，这时还有更多双眼睛投向了肉牛养殖业，这其中既有大笔资金的充裕者，也有资金不算充裕的"门外汉"，纷纷把赚钱欲望的橄榄枝投向了肉牛养殖业，使肉牛的养殖便一下子"牛"了起来。这样做的结果是不出大半年的时间，便会使得肉牛的存栏数量骤然增多，导致各地肉牛集散市场上"架子牛"的销售价格一度水涨船高、忽地猛涨；随之大中小饲料厂家的饲料价格大涨；药物和防疫的成本也趁机出现漫天喊价的情况；而肉牛出栏时的利润在不久的将来可能会大幅缩水，个别养牛技术跟不上的新手更是叫苦连天，养牛利润很有可能会朝向"算着有，数着无"趋势发展，更有趋向于零利润或负数的结局。养牛场、养牛散户和养牛新手，此时一定要清晰的意识到，现在是比谁赚得多，也许在大半年或一年以后，就是在比谁亏得少了。所以，这就需要我们来理性预测肉牛市场行情拐点的起伏。一个长期经营肉牛养殖业的高手，一般会在行情特别"牛"且形势一派大好时，逐步选择适当的时机，尽量减少存栏牛群的数量，稳步缩小养牛的规模，以利抵抗已经"朦胧"出现的拐点怪相，不致自己担当更大而又无可规避的市场风险。

养牛女人的"口水文"敲到这里，可能有的人就会不理解了，前面的章幅每每都是说肉牛如何如何的好，怎么怎么的可以赚到钱，这里为何口风急转、颠覆自己，一下子来了个180°地大转弯，为什么要做出这样的"糟糕"分析呢？因为，在肉牛卖价接近"疯狂"、甚至卖出天价时，导致很多盲目跟风的人，也会极度"疯狂"的从外地市场大量调进"架子牛"；有的养牛散户和养牛新手，此时异地购牛就跟"抢牛"似的，生怕"架子牛"买不上或买少了耽误发牛财。此举导致的严重后果就是：外调"架子牛"品质良莠不齐的情况比比皆是，养殖中若遇疾病或疫情时，青年牛或未曾育肥好的成品牛必须折价卖出，可保本、不可保本的均尚在两可之间；牛犊和小半大牛毕竟卖出的不多，即使赶上特别"倒霉"时想急于转卖，肯定也不会获利太多或根本无利可图；而在牛价相当低迷严重时，就极有倾家荡产的可能了。

目前，有许多初入行的养牛新手，想在行情好时开始养多少多少母牛或孕牛，想要在想象中的美好"未来"大捞一把，持这种想法的人大多数是不会成功的。因为这批母牛或孕牛所出的商品肉牛出栏上市时，需要经过半年或一年多的时间，很有可能就是商品肉牛高峰集中上市之时。养牛新手大多是经不起折腾的，而一直在养牛业中"混"的养牛人就不一样，他们多数经验丰富，风风雨雨经历的市场拐点多了，且在多年的养牛生涯中多少有了些积蓄，加之没有银行贷款或外借账，挣多挣少的也不会过于心焦着急，自然能较"顽强"的与市场风险抗争。其次，肉牛养殖多年的行家里手，一般在养牛行业聚拢有很好的人脉关系或独特的经营渠道，如别人要出栏的商品牛卖不出去，他们能够在不赔钱的情况下先行出栏；别人的牛不挣钱或赔钱时，他们挣得少或很少赔钱；他们更会依据自己的准确判断能力，在别人一窝蜂养殖单一品种肉牛的同时，他们一直从事着多品种的混合喂养；别人专门喂养统一规格体重的肉牛时，他们圈舍里面大中小规格的肉牛全都喂养着，且都是那么精心的养着，消毒防疫都做得面面俱到，是无可挑剔的那种理性养殖方法，就是在同样都很"跌破眼镜"的窘境中，他们也都具有出众不俗的优势。等等这些，均不是心急火燎"顶"着好行情、匆忙异地购牛的养牛新手可以与之抗衡的。市场风险同样的情况下，就看彼此的抗风险能力和理性的应变能力了。

在肉牛养殖的现实中，个人有个人的打算或小九九，可谓八仙过海，各显神通。多数的养牛场总是在行情差或是平时根据自己的资金流动状况慢慢的增加存栏量，且整个养牛场的圈舍里不会喂养同一种规格或同一个品种的肉牛，为的就是拉开肉牛出栏的时间或客户挑选品种的余地，不会一味儿的跟在别人屁股后面去挤独木桥的。肉牛养殖的十几年来，每每看到行情好得不得了，我和家人也不会跟风、也不会眼热、更不会去赶那如无底洞般的"疯行市"，可能会一次比一次养的少，商品肉牛出栏上市后即便让牛圈空着闲着，也不会急急忙忙的去抓紧购买来一味"填满"。其实，一句话说白了，养牛赚钱的真理在于："行情初来圈满牛，行情刚走圈空空"。行情"走"后，真正的养牛人会悠哉悠哉的过着自繁自养的日子，只有那些"得"了"红眼病"、自己手里又没有多少"家底"、纯靠借钱和贷款进来的养牛新手，咬牙再坚持，坚持再硬撑，其结果就是赚的钱勉强仅够报答人情和支付银行利息的，如这样大批的养牛新手坚持不住了，或遭遇疾病疫情的，连"门"还没有摸到就被迫倒下时，那就是另一轮新的赚钱时机悄悄来临了。

肉牛养殖同其他养殖行业一样确有风险，要不，央视或各地的知名农科节目天天如我一样絮叨："养殖有风险，投资需谨慎"。这不是喊喊口号那么简单的，真的需要每个投资者理性而又慎重的对待。切莫盲目跟风，养殖需要理性和冷静。其实肉牛养殖业的门槛很低，甚至没有门槛可言，但贵在循序渐进，有个慢慢适应或逐步把握的阶段，这既是肉牛养殖业良性发展的坚实基础，更是养牛新手避免风险的有效途径。

养牛女人编写这篇文章的时间是2013年3月17日，肉牛行情此时早已进入"牛市"拐点2个月有余了。若是外人来到我的养牛场，立马会看到一片"空场子"的景象，为啥肉牛的数量一下子少了这么多，一句话，就是2012年肉牛全年的价格太理想了。年前年后，青州乃至周边县市的各个乡镇肉牛养殖成风，肉牛在很短的时间内一下子达到几万头或近十万头的养殖规模。由于投资颇多的养牛新手不懂肉牛具体的品质，所购买的"架子牛"不仅价格高，而且质量极为低下，有的甚至根本不是杂交的肉牛品种；加之经验不足的喂养中导致到家不久的牛多数患上了口蹄疫，没多久便在四周蔓延开来。还是因着肉牛疫病经验的不足和防治不到位，患病人家的饲养员或养牛新手，还在四处去别人家的牛圈观摩切磋、串门打牌、喝酒聊天，仍幸福的沉浸在年味尚浓的家庭聚会中；你来我往、连续不断的乡情友情 "大串联"下，不知不觉中又促使疫病进一步的蔓延和发展，最终导致由起初的一两头，到后来的一大群，再后来满圈都是染上了病的牛。养过牛的人都知道，肉牛一旦染上了口蹄疫，虽说不是肉牛养殖中的什么绝症，但也足以够养牛新手"喝"上一壶的。毕竟控制病情和具体治疗的药物费用，已经把牛市进入拐点后的那丁点儿薄薄的利润给"吃"没了。这就是盲目跟风、草率异地购牛，加之喂养经验严重不足或养牛新手们相互串门，疫病发生后对应的救治和防控没有及时跟上所共同造成的。

好在肉牛的口蹄疫是寒冷冬季的高发常见病，利好的结局是目前气温已经全面上升，该疫病也已经渐入尾声，余下的个别病牛多会在有效的治疗中逐渐自愈，甚至不再发病和无序蔓延，但口蹄疫仅此龙年串蛇年的这一病，就像极了蛇年春节晚会上某小品中说的那样："你摊上事儿了，摊上大事儿了"。此话用在今年肉牛养殖的现状上一点不假。今年异地购牛"摊上"口蹄疫的一众养牛新手们，养牛赚钱的美好愿望肯定没有指望，延续几个月来至今天（2013年5月27日星期一）的残酷现实，市场已经给出了脆生生的爽朗答案，即2012年这些"摊上"牛病的养牛新手全都赔钱了，而且每个养牛新手都赔的不少，这就是自由贸易下商品市场的残酷性。可市场就是市场，市场一贯是值得或用来研究的，琢磨不透或盲目跟风时就会吃大亏；况且有疫病的肉牛再遇上行情不甚理想的市场拐点，简直就是雪上加霜、屋漏偏遇连阴雨的双重打击。说句实话，文稿敲至此处，我的心也是揪揪着、同众多养牛人一样，照旧很疼很痛、很酸很楚的，毕竟我也是肉牛养殖其中的一份子啊！（见彩图2）

其实，不得不说肉牛的养殖既有颇丰的利润，更有意料不到的残酷市场风险，关键就看自己怎样理性把握或唱好肉牛养殖的曲调了。文至最后，养牛女人再啰嗦几句，不是肉牛的市场行情不行，也不是肉牛养好了也挣不着钱，但就是千万别像养猪养鸡养鸭那样一窝蜂似地，"唬隆隆"地赶一个点儿去异地购牛、尔后再赶一个点儿的出栏上市卖牛。其次，养牛购牛前要先把市场行情了解透彻，牛市场行情自己必须做到心中有数，要有意避开大溜儿进或出的高峰期，这个理儿其实还像两句牛马不相及的老话说的那样："磨刀不误砍柴工，物以稀为贵"，肉牛的养殖和销售恰恰也是如此，因机遇总是留给那些早有准备的人。

6. 肉牛养殖业是不是又苦又累、没有多少人喜欢做啊？

对于这个无数人问过"老掉牙"的老问题，养牛女人也回答过无数次的无聊话题，这里我还是套用一句经典老话来加以说明吧，那就是："萝卜青菜，各有所爱"。综合许多数据和现实情况来考量肉牛养殖业到底苦不苦、累不累的，我只能这样固执而又片面的来如实回答你：肉牛养殖业是为那些特别能吃苦受累的少数人准备的，目前基本不具有轻松而流行的广泛意义。肉牛是身型硕大的大牲畜，表面看似平淡无奇、稀松平常的，但会养牛和养好牛是截然不同的两个价值取向概念，不同的价值回报结果告诉人们，会养牛的需要养牛人付出一定量的体力和精力即能做到，而养好牛的则需付出更多的应该是脑力劳动。我的观点是：要学会善于用脑子养牛，而不能简单到光靠体力的付出去养牛；因我们的养牛圈舍连着缤纷嘈杂、诱惑血腥、变幻无穷的大市场，市场里蕴含着肉牛行情或饲料市场的好多商机；商机不是唾手可得或有人拱手相送，那可是需要自己用心把握的，弄不好有时会稍纵即逝，这就需要我们和众多同行来仔细的判断、分析和把握。

世界虽是多元化的，也更是丰富多彩的。多彩世界在造就多彩行业的同时，自然成就了许多人的多彩人生，这点也无需养牛女人过多举例说明，看看周边的成功人士就知道。无论做什么，但每每都被"认真你就赢"的死板理念所战胜，更给把毕生精力用于"术业有专攻"的人鼓掌和喝彩的，我个人觉着普通无奇、没有闪光点而言的肉牛养殖业也恰是如此。再说了肉牛养殖业也不是人们脑海中已经定义或定型中的那种又苦又累的行业，虽不如书本上说的那么容易简单，但比起其他种类的养殖行业，我个人觉着肉牛的养殖还是较为省心省事的。任何行业的从业人员，哪个不是吃得苦中苦，方享甜上甜。肉牛养殖的前期。注定需要养牛新手付出很多很多的努力，喂养前期由于这样或那样的很多原因，多会占用养牛新手许多的精力、体力和脑力，但一旦养殖几年后步入正轨了，相对来说还是较为省心轻松、容易驾驭的。

虽然常人眼中又苦又累的肉牛养殖业是个不讨人喜欢的脏累差事，但随着社会的发展和人们生活水平的不断提高，养牛业以后渐渐会步入时代"消费列车"的快车道，规模化养殖会渐入佳境并且逐渐大行其道的。养牛多年的养牛散户在逐步扩繁自己的规模，众多的养牛新手会越来越多的参与其中、成为肉牛养殖中的一份子，这就很好的说明一个问题，肉牛养殖尽管苦累兼有，但苦累后带给人们的胜利成果却是十分香甜的，甜苦相"冲"，相信行内的人只是在尽情回味着无尽的甜，早把受过的苦累远远抛到爪哇国去了。这就是感性人们的理性思维，大有功过相抵"功"为上的意味，这种如牛反刍般的精神胜利法还是很值得去回味的。

养牛女人深深的知道，想进入苦累养牛领域的人们目前不在少数，苦累之间单看自己怎样去理解，这可能就像风雨后易见到绚丽的彩虹是一样的道理，可能这也是肉牛养殖所带给我们的不俗魅力吧。（见彩图3）

第三节　国家惠农政策大力倾斜"助力"肉牛养殖业

1. 2013年国家1号文件，对肉牛养殖业有何利好的最新动向？

2013年可谓好事连连、春风不断，不仅养蛇女人的"蛇年"，更是养牛女人和同行们的"牛年"和"幸福年"。龙年岁尾，中共中央出台了万众瞩目的1号文件，全称是"中共中央 国务院关于加快发展现代农业进一步增强农村发展活力的若干意见 2012年12月31日"。

养牛女人对中央颁布的1号文件那是特别的期盼和关注。文件一经出台我便认真的看了无数遍，读后我的心里豁然亮堂了许多，顿感一股久违的暖流暖遍全身，令我兴奋不已，难以平抚内心激动的心情。因中央1号文件里明确有了肉牛享受补贴的字眼。肉牛要在中央1号文件的正确实施下来个"咸鱼大翻身"了，这在以往是看不到的、也是不敢想象的。自从我养上肉牛后，总感觉肉牛就像"后娘"手底下的苦孩子，既没有补也没得贴，只好眼巴巴的盼着肉牛好政策的早日出台。今天，养殖肉牛十多年的养牛女人终于盼来了利好政策，大家说我能不高兴坏了嘛！下面将我从中央1号文件里"扒拉"出来的精髓，与众多的养牛同行一起尽情分享吧：

精髓一：畜禽水产品标准化养殖示范场的创建规模，以奖代补支持现代农业示范区建设试点，推进种养业良种工程。

精髓二：加大农业补贴力度。继续增加农业补贴资金规模，新增补贴向主产区和优势产区集中，向专业大户、家庭农场、农民合作社等新型生产经营主体倾斜。完善畜牧业生产扶持政策，支持发展肉牛肉羊。

精髓三：努力提高农户集约经营水平。按照规模化、专业化、标准化发展要求，引导农户采用先进适用技术和现代生产要素，加快转变农业生产经营方式。创造良好的政策和法律环境，采取奖励补助等多种办法，扶持联户经营、专业大户、家庭农场。大力培育新型农民和农村实用人才，着力加强农业职业教育和职业培训。充分利用各类培训资源，加大专业大户、家庭农场经营者培训力度，提高他们的生产技能和经营管理水平。制订专门计划，对符合条件的中高等学校毕业生、退役军人、返乡农民工务农创业给予补助和贷款支持。

精髓四：大力支持发展多种形式的新型农民合作组织。农民合作社是带动农户进入市场的基本主体，是发展农村集体经济的新型实体，是创新农村社会管理的有效载体。按照积极发展、逐步规范、强化扶持、提升素质的要求，加大力度、加快步伐发展农民合作社，切实提高引领带动能力和市场竞争能力。鼓励农民兴办专业合作和股份合作等多元化、多类型合作社。实行部门联合评定示范社机制，分级建立示范社名录，把示范社作为政策扶持重点。安排部分财政投资项目直接投向符合条件的合作社，引导国家补助项目形成的资产移交合作社管护，指导合作社建立健全项目资产管护机制。增加农民合作社发展资金，支持合作社改善生产经营条件、增强发展能力。

2. 养殖肉牛期间，购买农机具国家有惠农资金的直接补贴吗？

有，国家为了鼓励从事养牛业的农民购买生产用的农机具，如铡草机、拖拉机、打捆机、TCR拌料机等的大型农用机械，可以享受国家30%的农机补贴，且是即买即补，当时就从购买款中按政策比例减出来，也就是题目中所说的惠农资金直接补贴。2009年我的养牛场里一共购买了4台铡草机，当场便节省下了一万多元；2012年夏天我家又购买3台铡草机、1台大型打捆机，按惠农政策的直补比例又节省了不少钱。

真真的，在养殖肉牛有钱赚的同时，购买铡草机等的农用机械国家还能直接补贴钱，要不人们怎么都发自内心的说：社会主义国家的制度好，当中国农民自豪呢！

3. 养牛农民自发组织成立肉牛专业合作社，办理证件要花钱吗？需要参加年审吗？

纵观国内畜牧业养殖的大环境下，养牛农民自发组织成立肉牛专业合作社是十分可行的，其发展的良好势头有增无减，是广大农民联合闯市场最好的和谐载体。尤其是2013年的蛇年伊始，中央1号文件的正式出台后，各地如雨后春笋般注册成功的养牛农民专业合作社，将真正迎来属于自己的养牛"春天"。

养牛女人在十多年的养牛经历后终于悟出："联合闯市场，规模出效益，成立合作社，买卖更便利，牛能多卖钱，惠利你我他"。这是我们在成立"青州市北城养牛专业合作社"之初，我常常挂在嘴边的自编顺口溜，也是成立养牛合作社我欣喜内心的最好体现。

因国家有针对扶持农民成立各类专业合作社的优惠政策，各种经营类型的农民合作社从申请到创办，是不需要注册农民们花一分钱的，真正是全程完全免费的。农民专业合作社一经注册成功后，最大的便利或好处是：不用参加每年一度、如一般营业执照那样在3月15日前，必续去当地的工商行政部门完成有效证照的审验程序。这样无形中给广大农民们节省了好多时间，更好的把有限的时间和精力用于生产和经营。其实，最大的省心之处是：不至于到了审证时间却给生生的忘记了，造成证件的"不幸"过期作废，重新办理时既麻烦又费劲的，此举是政府惠农政策的另一贴心体现。

另外，养牛农民专业合作社办理后是没有任何行政上的收费。因为，国家早在多年前就已全面废止了农业税和"两费"的征收，为的就是更好的抓经济、促发展、保增长，彻底减轻营业经营者的经济负担，维护广大经营商家的切身利益。

4. 注册农民养牛专业合作社有哪些实际的好处呢？

从目前发展的局势来看：未来的几十年甚至更久，中国式的各类农民种养专业合作社，将会是一种发展和趋势，参与其中的人注定会越来越多，其发展的"热情"更加高涨不减。

也许有人会说了，办张农民养牛专业合作社的证件如此这样麻烦，虽说不花一分钱但却十分的费时费力，办好后都有哪些实实在在的好处和实惠？今后有没有政策上的大力倾斜和照顾呢？这个问题养牛女人稍后会详细介绍到的，因这也是我和许多养牛同行们所关心关注的。以自己的养牛专业合作社为例，《农民专业合作社法人营业执照》领取后，可以立马享受到如下政策方面的大力扶持。

（1）对农民专业合作社销售本社成员生产的农业产品，视同农业生产者销售自产农业产品免征增值税。

（2）对农民专业合作社向本社成员销售的农膜、种子、种苗、化肥、农药、农机，免征增值税。

（3）对农民专业合作社与本社成员签订的农业产品和农业生产资料购销合同，免征印花税。

以上3条是大框架下农民专业合作社的笼统优抚惠农政策，若往"小里"专门说说肉牛的养殖事，即养牛场主人、养牛散户和养牛新手，如果平时的经营资金和流动资金短缺了，或在原有的基础上欲继续扩大肉牛的养殖规模、但资金却一度捉襟见肘无法自行解决时，可以联合至少3户（可更多）养牛同行或更多其他行业的独立经营法人，持此证照向有关涉农银行如农业银行、农村商业银行（信用社）、邮政储蓄银行或其他商业银行，联合申请养殖行业的专项资金贷款。证件齐全、经营正常、往来账目健全的养牛同行，若贷款时很容易贷到所需资金数额的，即贷款成功并立即资金到账。在解了燃眉之急的"钱荒"同时，直接把贷款资金用于扩大养殖规模，提升规模化养殖的档次。

养牛资金曾经一度或长期缺乏的同行们，之所以在短时间内能够很轻松的通过银行贷款成功，其背后最大的支持者便是强大而又贴心的政府，这就是办理农民养牛专业合作社带来的政府效应。仅凭这一点，肉牛养殖者若做大做强到一定规模后，还是及早办理相关齐全证件的好。

目前，有的地方早已经出台了肉牛养殖的相关扶持政策，并有大量资金扶持直接"流入"了符合要求的农民养牛专业合作社。政府部门或财政部门的专项扶持资金，其条件之一就是直接针对符合条件的农民养牛专业合作社的，已知不少养牛同行的合作社"收获"了此政策"送"来的巨大"甜果子"。不过，非常遗憾的是山东省青州市却始终没有，养牛女人只好满怀百倍的信心和希望，继续在踏踏实实带领社员们养好肉牛的基础上，一如既往的和我合作社的社员们共同期盼着了。

因为，我发自内心的始终坚信：机遇总是留给那些早有准备的人。与此同时，我个人看重和享受的还是自己一路走来的艰辛养牛过程；这个累并快乐着的过程有了，人生便愈加丰富多彩和值得回味儿，其他倒都是次要的。

5. 农民成立肉牛专业合作社需要办理哪些相关证件？证件具体的办理步骤都有哪些？

农民成立肉牛专业合作社需要办理的证件有：《动物防疫条件合格证》、《农民专业合作社法人营业执照》等2证。那么，这2个证件要到哪些部门去办理？具体办理的步骤究竟有哪些呢？

（1）《动物防疫条件合格证》的免费办理

《动物防疫条件合格证》在当地畜牧部门的执法大队或当地政府部门设立的人民办事大厅（中心）指定的窗口，符合条件者即可免费办理。

1）申请者先到当地畜牧部门的动物疫病检查防疫站（科）领取相应的表格，按表格要求实事求是的用碳素笔认真填写。然后，按照畜牧部门的要求准备下列材料：

①申请者身份证复印件（正反面都复印的那种）；

②申请者2寸彩色免冠照片；

③自有场地证明或租地合同（村委或社区出具并加盖公章，属于租赁场地的需提供租赁合同复印件），有邻居城郊或经济开发区的地方，还需提供直接管辖区域政府行政部门出具的"近期无拆迁证明"；

④提供至少3位相关从业人员的健康证明（当地防疫部门提供并盖章有效的）；

只要申请者提供的证件符合要求，县级畜牧核查单位方实地核查验收后没有异议，相关核查责任人签字盖章后，均会在承诺的工作日内批复并核发《动物防疫条件合格证》，该证件的注册申领是免费的。

（2）《农民专业合作社法人营业执照》的免费办理

养牛农民要想注册《农民专业合作社法人营业执照》，一般要经过以下步骤。

1）申请者到当地工商部门或当地政府部门设立的人民办事大厅（中心）指定窗口，咨询后领取并填写《农民专业合作社（分支机构）名称预先核准申请书》，同时准备如下相关材料。

递交《农民专业合作社（分支机构）名称预先核准申请书》及上面所列或已领取的《动物防疫条件合格证》等相关材料的复印件和若干证明，同时领取《名称登记受理通知书》，等待名称即"欲设立合作社的名称"核准结果，如核准顺利立等几分钟便可完成此项核查。

2）领取《名称登记受理通知书》的同时，再领取《农民专业合作社设立登记申请书》等有关表格准备填写（必须用碳素笔认真填写，切莫涂改，争取一次过关。）。

（3）《农民专业合作社法人营业执照》免费办理的具体提交手续

当地工商部门受理后的审批过程中还需要申请者提交下列手续和证件。

1）全体申请人指定代表或者委托代理人签署的《农民专业合作社（分支机构）名称预先核准申请书》；

2）全体申请人（至少5人，含5人，农民至少应当占成员总数的80%）签署的《指定代表或者委托代理人的证明》；

3）法定代表人签署的《农民专业合作社设立登记申请书》；

4）全体申请人签名、盖章的注册设立大会纪要；

5）全体申请人签名、盖章的章程；

6）法定代表人、理事的任职文件；

7）法定代表人、理事的身份证明；

8）全体出资申请成员签名、盖章的出资清单；

9）法定代表人签署的成员名册；

10）全体申请人身份证明复印件（正反面都复印）；

11）全体申请人住所使用证明，同时全部提供户口本索引和本人当前页面的复印件；

12）指定代表或者委托代理人的证明。

待申请者把上述所有一切辅助证明证件办理完毕并逐一验收合格后，一张费劲千辛万苦的《农民养牛专业合作社法人营业执照》终于如愿到手、正式挂牌运营了。养牛农民合作社的创办人，千万不要嫌弃或抱怨办理该证件的麻烦和辛苦。因法制国度一切得按法定的程序和章程办事，"无规矩不成方圆"的道理相信大家都能够懂的，况且农民养牛专业合作社的营业执照办理成功后，是不需要办理证件的农民缴纳任何费用的，更不需要去参加一年一度的证照年检，并且所办证照没有自行注销一说。

申请者一劳永逸后的方便和实惠，相信养牛同行会自己掂量出有无证照的实质"轻重"的。

6. 养牛场、养牛散户和养牛新手，如果想办理营业执照好办吗？花费大吗？

养牛场主人、养牛散户和养牛新手，如果不想加入或成立农民肉牛专业合作社，只想"单打独斗"、一门心思的打理好自己的肉牛养殖场，同时又想拥有独立合法的肉牛养殖营业证件，这应该怎样操作和具体办理呢？会不会也像办理农民肉牛专业合作社那样费劲和跑腿呢？这个问题下面养牛女人来一一告诉养牛的同行：

如果养牛场主人、养牛散户和养牛新手，只是单纯的要办理养殖肉牛营业执照的话，那较之农民肉牛专业合作社就简便省事的多了。首先，《动物防疫条件合格证》如上法介绍直接办理就是，这个过程也是免费的。

《动物防疫条件合格证》顺利到手后，证照的申请者拿着到手的该证件、本人身份证复印件、场地证明（土地自有证明或土地租赁合同）、村镇或社区出具的近期无拆迁证明等，直接到所在乡镇的工商所办理就是。

证件办理的中间环节里，工商所的当班工作人员也是需要得到上级主管部门，即县市工商局的行政主管部门核查有无名称重复的程序。如此行业名称没有重复的名称批文，经微机传至工商所内部联网的电脑上，那么不肖儿喝瓶汽水的功夫，一大一小、一白一绿（或一白一红）带有浓浓墨香和一丝儿热度的正副本执照证件，就算"大功告成"，到了申请者手里了。

工商营业执照的办证费用（山东省青州市）是141元，各地可能略有小小的差异。另外，肉牛养殖营业执照没有农民养牛专业合作社的免年检待遇，必须要在每年的3月15日之前，携带证件到当地的工商局或工商所办理一年一度的年检有效手续。否则，一旦不小心忘记年检时间、或者超出年检制度给出的许可宽限日期，则在全国联网的工商系统软件程序里自动失效，也就意味着曾经的营业执照一下子变成没有法定概念的一张"废纸"了。因此，肉牛养殖营业执照的年检问题不能视如儿戏。养牛女人最后善意提醒同行：在证照按时年检这个问题上切莫粗心大意，一定得记好时间按时参加每年3月15日前的年检，以免延误了自己的正常使用。

7. 工商部门对注册的个体养牛者，有何政策上的照顾和便利？

以山东省为例，工商部门相继推出了一系列创业带动就业的扶持措施，鼓励自主择业从事个体私营经济。扶持的范围以返乡农民工、下岗再就业人员、高校毕业生、退伍军人、失业人员等"五大类"为主要服务对象，对其从事个体经营实行"一站式"服务，推出"试营业"、"一元申报"和"免费注册"等优抚措施，为搞好、搞活地方经济的良性有序发展保驾护航，更为营业执照的注册者提供了强有力的政策支持。

目前肉牛的养殖亦是没有税收，这也是国家实施富民、兴民政策倾斜的结果。凭工商行政部门颁发的个体营业执照，同样可以申请并办理农业银行、农村信用社（农村商业银行）、邮政储蓄银行或商业银行、各地妇联组织和人力资源社会保障部门等，单独或联合推出的一系列低息和贴息的贷款帮扶业务。同时，养牛同行有了养殖肉牛的营业执照后，还可以参加国家农业部或当地畜牧部门推出的"标准化肉牛场创办"、"养殖科技示范园"、"无公害畜产品认证"及"绿色有机农产品认证"等的参与机会。如果没有申领执照的话，则恰恰与之相反、暂时没有参与其中的机会。

倘若没有年年审验的有效肉牛养殖营业执照，上述所说别说申请立项、预想参与其中，可能连"门"的边角儿都没摸着一下，就被要求严格的有关政府部门或负责承办的部门拒之门外了。

上述所说，显而易见，拥有合法有效的肉牛养殖营业证件，是迈向规模养牛场或日后多项资质认证十分重要的一颗必备"棋子"。

没有办理营业执照的养牛同行，还等什么？抓紧去办理吧。

第二章 规模化肉牛养殖的总体概述和防护措施

第一节 规模化肉牛养殖场的总体概述

规模化肉牛养殖场的场址选择十分重要，因这凝聚或牵扯着养牛者的精力心血及资金投入，还有可能是养牛者全部的心血和积攒多年的总"家底"。一旦从事了肉牛养殖业，或大或小的规模化养牛场所不仅是用来养殖肉牛的地方，更是光荣与梦想、期盼美梦成真，承载着对美好新生活的无限向往的地方，又是"理想照进现实"，携着希望幸福起航的地方，更是我们自己的创业"孵化器"。

1. 规模化肉牛养殖场的选址很重要吗？

规模化肉牛养殖场应首先考虑建筑在农村郊区、山区荒野、无重（化）工业污染或噪音嘈杂的空旷地方。一般多选择地势较高、避风向阳、易于排水的地势或相对较平坦的地方；土质的透水性要强，遇有恶劣天气不容易积水，这样有利于日后肉牛圈舍的清洁与卫生。同时也要求养牛场周围的地下水位要低，因深水井不容易被牛场内的排放物所污染，排污和减排这点很重要，否则仅凭这一点，恐怕肉牛还没等养起来就被环保部门给卡住了，这一"关"必须要想方设法的达到要求。不然的话，多数情况下是"逃"不掉环保评估这一项的，而且还会招致因污染引起的经济纠纷或赔偿问题；即便抛开这个问题不讲，因绝大多数的现实是养牛者多在牛场内居住，就是为了保证自己的生活安全和供给肉牛洁净的饮用水，其用水都要符合标准的饮水标准；其次，规模化的肉牛养殖需要大量的牧草和其他鲜绿青干粗饲料，这就要求离草场或其他粗饲料的资源地不远，而且交通要相对便利，这样才能保证优质粗饲料及时充足的供应给所养的肉牛。

2. 国家相关部门对规模化肉牛养殖场的选址有何要求？

对于这个问题，国家相关部门对规模化肉牛养殖场的选址更是有一定要求的，即远离村庄集市、居民集中居住地、城市生活饮用水源保护地、交通要道、重工化工企业等；此外还需远离动物屠宰加工场所、动物和动物产品集贸市场500米以上，这样可有效避免其他动物养殖场与所养牛群间相互的疾病传播。

总之一句话，规模化肉牛养殖场的场址选址，要符合《中华人民共和国动物防疫法》的相关规定。

规模化肉牛养殖场在未曾建造之前，必须先要选择靠近道路交通方便的地方，利于以后出进饲料或肉牛的运输销售，这一点同养牛场的水源供给一样，同样是重中之重，且缺一不可。

3. 规模化肉牛养殖场怎样布局才算设计科学又合理？

规模化肉牛养殖场的布局设计往广义里来说，除要符合《中华人民共和国动物防疫法》的相关规定外，其他多是按照养牛者自己的使用目的及便利便捷的功能性来妥善安排的；但百变不离其宗，都是紧紧与肉牛实际养殖的要求密不可分的。

肉牛养殖场通常包括生活区、养殖区、仓储区、饲草区、病牛隔离区、粪污处理区及污物焚烧区等。

（1）规模化肉牛养殖场的生活区

生活区即牛场主人或饲养员的居住区，应建在肉牛养殖场的上风头和地势较高的地段，也就是整个养牛场最前端的"门脸"处，原则上与养殖区至少要保持100米以上的距离，以保证整个生活区良好的隔离性和卫生环境。

（2）规模化肉牛养殖场的养殖区

养殖区应建造在养牛场场区的较下风处的位置，养殖区要能有效控制外来人员和运输车辆的直接进入，以此保证所养肉牛有良好安全的养殖环境。其次，养殖区肉牛圈舍的布局要力求科学合理，实际养殖中可以按肉牛的不同大小来合理分群，以达到分阶段养殖管理的目的。其具体的设计应体现在建有后备（可繁再育型）母牛舍、基础（泛指一般商品母牛）母牛舍、产犊母牛舍、断乳牛犊舍、短期（强化型）育肥牛舍等的顺序或相反顺序来理性排列。原则要求各个肉牛圈舍之间要保持有适当的距离，整个的设计布局除要达到整齐便利的建造外，还应本着"棚矮了肉牛不长个，棚窄了肉牛不长膘"的建设原则；其次更要考虑到便于防疫和防火等诸多实用细节。

（3）规模化肉牛养殖场的仓储区

仓储区就是饲料仓库和简易库房的总称，主要用来存放玉米、豆粕、棉籽粕等的精饲料储藏。还有一种敞口式的露天饲料储存处，主要用来盛放各种散装饲料和应季饲料，如各种酒糟、食品厂的下脚料和粮食的下脚料及粉渣等，这种存放饲料的地方，多是现拉现用，一般不做较长时间的搁放。（见彩图4）

（4）规模化肉牛养殖场的饲草区

饲草区多是用来青储玉米秸秆或储存青干草等粗饲料的地方。俗话说：兵马未动，粮草先行。仓储区和饲草区是规模化肉牛养殖场的整个供应区，其"战略"位置十分重要，应建造在养殖区地势较高的上风口，且与养殖区内的各个肉牛圈舍距离要近，这样便于草料的随时供应和节省运输方面的人力物力。此外，仓储区和饲草区必须配备足够的供水管道，以利防火安全或其他方面的需要；同时，整个供应区的防鼠工作更是不容忽视，在设施的设计上应提前考虑在内，为日后杜绝鼠患猖獗、保护好肉牛的饲料打好基础。

（5）规模化肉牛养殖场的病牛隔离区

病牛隔离区应设在养殖区下风头的地势较低处，与养殖区要保持300米以上的实际间隔距离，可让其占据场区的一处"被角儿"，即不显眼的犄角旯旮处，否则不仅有碍观瞻，且对隔离治疗期的病牛休息不利。

（6）规模化肉牛养殖场的粪污处理区

粪污处理区要设在养殖区下风处地势最低的位置，以便于集中整个养牛场的生活垃圾和养殖区每天的排放物。依据环保和防疫的需要，养殖场区内应相对的间隔和有效隔离，同时又要保持适当的集中堆放或排放，这样有利于饲养员和污物清洁人员的不同承包和管理，真正做到"谁负责谁治理"的合理工作安排，不会因恶劣天气造成延误，更不会因突发事件而酿成处理滞后，从而出现粪污堆积成山、恶臭熏天的不洁局面。

（7）规模化肉牛养殖场的污物焚烧区

污物焚烧区虽在一年中使用的次数较少或者根本使用不着，但焚烧污物的炉灶养牛场必须具备。焚烧区及其炉灶的垒造也可让其同病牛隔离区一样，只是占据养牛场的另一处"被角儿"，千万不要建造在养殖场内敞亮的"当眼处"。

我们青州的一个养牛同行，即把污物焚烧区建造在养殖区的大门口旁边，后被上级有关部门郑重告知：这样做严重不妥，需尽快拆除并在上述所说的地方重新建造。这虽然是区区一个看似不起眼的细节，但诸如这些细节方面布局不合理、没有建在适宜地点的话，会直接影响上级职能部门或畜牧部门对养牛场的审核和验收，以致延误下一步的肉牛养殖事宜。

4. 规模化肉牛养殖场在设计上还有哪些要求？

规模化肉牛养殖场在设计上包括生活区在内，场区内各个功能区的进出通道应相互独立，但又始终相互连通在一起；只有主道与外界的应用道路连通，这样在保障养牛场独立分开的同时，更便于快捷的整体管理。

养牛场内的道路要严格区分净道和污道，两者必须严格分开，不得出现净道和污道混用的情况。鉴于此，养殖场在建造之初便可设计成一前一后两个大门样式的，即前门走人走料走牛、后门走粪水污车，将净污分开的宗旨切实落实到实处。

养牛场肉牛圈舍的设计建造应根据当地的气候条件和地理条件，注意合理妥善的采光和通风；北方的养牛投资者，冬季首先要将保暖工作列在其中，且是重中之重的"重头戏"。肉牛圈舍内的地面应用水泥砖石等的建筑材料，垒造时不仅要建筑的结实耐用，还要有很好的防滑防潮作用，同时要把粪污的易于冲刷考虑在内，并有适当的坡度向排污粪沟的方向倾斜，人为实现"牛粪日日清、污水流干净、肉牛不生病"的养牛现实。肉牛的食槽设计更要便于满足不同大小肉牛的正常进食和饮水，圈舍内的通道宽度要宽窄适中，以便运输料车或牵牛出进时的自由通行。

规模化肉牛养殖场除生活区外，应在大门口处设立门卫传达室、消毒室或消毒专用通道，以供进出人员和车辆驶进消毒池内做相应的消毒。严禁非养殖人员随意出入养牛场内嬉戏游玩、疯闹喧哗；如遇疫病或重大疾病发生期间，必须对出入养牛场的工作人员和所有运输车辆进行充分的仔细消毒，杜绝疫病和疾病的进一步加重及蔓延。

养殖场的四周应建有牢固的围墙、防疫或排污用的专用沟渠，有条件者要建有自主使用的绿化隔离带或经济苗木专区，自行营造出一处空气清新、干净卫生、生态绿色、环保达标的优美养殖环境，以此确保整个肉牛养殖场常态、无害化的运转正常。

总之，规模化肉牛养殖场的选址布局，在建造上不仅要充分考虑到经济实用、方便便捷，更要把环保节能、卫生防疫、粪污无害化处理和生态环保等硬性条件有机的结合起来，在节能减排、节水降耗，全面提高养牛经济效率的同时，又能很好地满足肉牛养殖和短期育肥的技术要求，余下的岂不就是十全九美的事了嘛！

第二节　规模化肉牛养殖场的防护措施

1. 科学养殖和加强喂养管理，是全面提高肉牛对抗各种疾病的有力保障吗？

养牛场内肉牛的许多疾病在很大程度上是因喂养管理的严重不当所引起的，喂养和管理的不妥成为许多疾病的直接或间接因素。喂养和管理这两方面造成的欠缺和不足，在一定程度上决定着某些肉牛疾病的发生或后续的发展方向。所以，肉牛科学的日常喂养和精细化管理，确实是减少肉牛养殖场疾病发生的一个重要途径，更是减少经济损失最强有力的可靠保障。

在肉牛实际的日常养殖和管理过程中，要按肉牛的品种、牛龄、体况以及体重大小来进行妥善的分群喂养，然后再按肉牛不同生长时期的不同营养需要、来合理配制各个生长阶段中肉牛不同的日混饲料。肉牛饲料的配比即便在同一生长阶段也并不是完全相同的，应适时根据肉牛具体的生长膘情、增重快慢的不同情况，及时对所配混合饲料的配方比例做出相应的调整，以此确保肉牛混合饲料中的营养平衡，防止营养代谢障碍和中毒疾病的意外发生。

对青储玉米秸秆或青干草等粗饲料要进行妥善的管理和投喂，存放粗饲料的地方要保持应有的干燥和通风，以防止粗饲料受潮过度发生霉变和变质，影响肉牛正常的进食和健康。

精饲料的存放时间建议不要过长，应现搭配现用，最好做到日日配制的执行习惯，藉此防止和杜绝精饲料中所含营养成分的损失或降低。（见彩图5）

无论投喂肉牛的粗饲料和精饲料，在投喂过程中应时刻注意有无霉变现象。对霉变严重或受潮严重成团的粗饲料和精饲料应及时剔除，对症状尚轻些的可在进行充分的晾晒处理后，待眼观鼻闻正常时方可喂给肉牛；数量较多时可分次投喂，切勿一次全部投进食槽，以免伤及进食过多的肉牛。

喂养肉牛的实际过程中，应密切注意肉牛圈舍总体的养殖环境，人为给所养肉牛营造出卫生洁净、通透干燥的舒适生长环境。每天有专人及时清除肉牛排泄的粪尿，保持肉牛休息场所内的清洁干燥。另外，肉牛圈舍要具有良好的采光能力和保持一定的通风状态，做好肉牛圈舍的冬天防寒和夏天防暑工作，经常对肉牛的使用用具进行彻底的清洁和消毒，使肉牛始终都生活在干净卫生的养殖环境中，利于促进肉牛群正常的健康和应有的长势。

以上这些并不是真正的肉牛养殖细节，只是一个大概的防护措施介绍，后面的章节会有专门细致的表述，但有一点是可以肯定的，只要做好上述这一切，便均能有效降低和防止肉牛的消化道疾病、呼吸道疾病、四肢疾病、繁殖障碍性疾病等的发生率，为肉牛的正常和健康保驾护航。

2. 规范严格的消毒和灭蚊蝇行为，能有效降低养牛场内外疾病的相互传播吗？

养牛场的门口处、养殖区和肉牛圈舍入口等人员频繁出进的地方，均需要设立专门的消毒室或消毒池，明确有专人专门负责消毒工作，养成定期更换或添加消毒药水的习惯，确保消毒室或消毒池内消毒药水的有效浓度。此外，各个养殖区内的饲养员及清粪工除特殊情况外，不得肆意无故的相互走串养牛圈舍并与肉牛近距离的接触，坚决谢绝与养牛无关的人员随意进入养殖区。因故必须进入者，需通过消毒室或消毒池等专用通道过往。一切外来人员和运输车辆进入养牛场时，必须积极配合养牛场做好严格彻底的消毒工作。同时，定期做好牛场内总体环境和生产用具的清洗和消毒，让所养肉牛生长在一个良好的生存环境中。

养牛场区内禁止饲养其他动物，若是出于看家护院的安全需要养狗时，尤其是那些大型的凶猛犬种，如藏獒、圣伯纳犬、德国牧羊犬、杂交狼狗等，必须进行妥善的笼式圈养或拴养，避免野性尚存的大型犬跑进牛圈伤害到肉牛；禁止猫、狗、鸡、鸭和鹅等动物和家禽窜入肉牛的圈舍内，尤其是家禽脱落的毛发对肉牛的呼吸道严重不利，此点希望引起格外的注意。禁止在养殖区内宰杀病牛或其他动物，要妥善做好各个场区的灭鼠工作；特别是在天气炎热的夏、秋季节，应定时清除蚊蝇飞蛾等的滋生地，定时做好喷洒化学药物消灭蚊蝇成虫的工作；利用生物发酵和化学药品来有效处理粪污，彻底杀灭蚊蝇的幼虫和虫卵，这些都能起到有效预防由虫媒传播疾病的发生。

严格定期消毒和定期灭蚊蝇工作，是有效消灭虫媒病源、切断其传播和蔓延的途径，也是控制肉牛疫病传播的重要手段，更是防止和消灭疫病的有效措施。因此，养牛场内应进行科学规范的定期消毒或灭杀蚊蝇的工作，这些措施的正确实施均能有效预防养牛场内外疾病的发生，此举科学合理，值得大力推广或身体力行。

3. 按时免疫接种、定期检测疫病，能提高肉牛的机体免疫力和消灭传染源吗？

为了提高所养肉牛整体的免疫功能，抵抗或减少相应传染疾病对肉牛身体的大肆入侵和伤害，需要养牛场定期对看似正常健康的肉牛群，适时进行疫苗或菌苗的预防注射，坚决消灭潜在病害或直接病害的传染源，确保所有肉牛健康无恙。

为使肉牛的预防接种取得预期的理想效果，应在掌握各地区传染病种类和肉牛流行病特点的基础上，结合自己牛场内所养肉牛群具体的养殖、管理和日常流动的实际情况，准确制定出比较合理安全、切实可行的对应免疫程序。特别是对肉牛某些重要的传染病如口蹄疫、牛流行热等症，应在传染病发病季节未曾来临前，就应提前进行适当的预防接种。定期对肉牛常见流行病和人畜共患病的预防检测工作，并对眼观有异样的个别肉牛做好相应的隔离工作，对其排泄的粪便和由此产生的污物尽快进行无害化处理，严防疾病的进一步扩散和蔓延。同时，养牛场更要加强直接面对隔离病牛工作人员的积极监测，努力避免和坚决杜绝人畜共患疾病的发生。

4. 怎样积极做好肉牛普通疾病的预防工作？

时下肉牛养殖的的真实过程，其实并不是每天都要面对这样那样难缠的疾病，多数情况下肉牛一般都是健健康康、相安无事、叫人省心的，就是生病长灾的也只是其中很少很少的一部分，养牛者根本不用每天都处在紧张的忧虑或无尽的担心中。

养牛女人十多年的养牛实践总结是：把握或利用好肉牛每天两次进食的"顺带"时机。因这两次每天必有的喂养过程，实则就是对肉牛群集中巡视的大好机会。投喂时要重点观察肉牛的进食和饮水是否正常，再就是肉牛排泄的粪便尿液是否正常。观察肉牛的这"一进一出"看似稀松平常，实则在养牛中特别重要。因绝大多数肉牛是在进食时顺带着排泄粪便和尿液的，也就是老百姓俗话所说的"连吃带拉"。只要养牛者或饲养员加以细心，其实这些细节掌握起来都很容易。一旦发现个别肉牛有异样的表现时就要认真对待，这对我们及时发现病牛或亚健康的牛赢得了较为宽松的治疗时间，也便于我们对病牛或疑似病牛采取及时又恰当的治疗。在治疗病牛的同时，我们最好自觉自愿的做好相应的治疗记录，以供日积月累、源源不断的经验积累，为日后规模化养好肉牛打好最最起码的基础。

由于肉牛的第一营养主要来自多种农作物的秸秆和青干草，不同季节、不同地区的农作物秸秆和青干草的营养成分也不同，这就要求养牛者保证供给肉牛不同又足量的营养需要。在成批养殖肉牛或规模化养殖肉牛时，需要对牛群进行适宜的分群饲养，合理搭配好富含营养的粗饲料、精饲料和精料补充料，密切注意怀孕母牛、哺乳牛犊、断奶牛犊及体质较弱等个别牛的观察。养殖中最忌粗饲料、精饲料和精料补充料配方比例的突然大幅改变，人为减少并坚决杜绝肉牛有暴饮暴食现象的出现。此外，连续不断的嘈杂噪音或突然尖锐的声响等意外的不利因素，皆有可都导致肉牛发生普通疾病或诱发性传染病，肉牛群受惊吓更是在所难免，这些看似不搭眼儿的细节和旁枝小节，均希望养牛者都要引起充分的注意。

养好肉牛的过程其实并没有真正的大事，几乎全是些"针头线脑"的普通小事。可反过来看，有时就是因为这些不搭眼的小事小节"串连"起来,也会冷不丁的"闹"出大事情。就让我们从看似微不足道的这些细节和小事做起吧,唯有这样才是正确预防或减少肉牛普通疾病的一剂不需花钱的良药。

5. 养牛场肉牛群的驱虫工作有那么重要吗?

人类和动物身体中都会滋生和携带寄生虫,而体型硕大、进食量大的肉牛更是不能例外。

目前已知寄生在肉牛体内外的寄生虫种类有很多种,无论哪种寄生虫都是一种慢性消耗性的疾病,短期内人的肉眼不好观察或发现,初期很容易被肉牛养殖者轻视或忽视,无形中的结果便是肉牛已经染上并滋生了严重的寄生虫,致使某些有寄生虫传染的疾病蔓延发生,严重影响了肉牛正常的长势和健康,也给养牛场带来不少的麻烦事。定期驱虫对增强肉牛群自身的体质、预防和减少寄生虫病及某些传染病的发生,都具有十分重要的"战略"意义。由此可见,养牛场肉牛群的驱虫工作有多么的重要了。

规模化的养牛场在集中驱虫前,最好从肉牛圈舍中取少量粪便做次彻底的虫卵检查,以查清肉牛体内外寄生虫的种类和其已经造成的危害程度,然后再根据粪便中虫卵的种类或根据当地寄生虫发生的具体情况,有的放矢,尔后有针对性的准确选择对应对症的驱虫药物。值得注意的是,肉牛寄生虫病是一种全年都会发生的普通常见疾病,且多为混合感染并寄生在肉牛身上。因此,在集中驱虫时应采取联合用药的灵活方式,以保证用药后起到良好彻底的灭杀效果。

肉牛群集中驱虫后的粪便应进行无害化处理,最经济的方法就是"生物发酵法",此举可以有效防止残余寄生病原的继续扩散。另外,应根据养牛场具体的实际情况,定期或不定期的检查牛粪中的虫卵数量,尔后再拟出定期或不定期的驱虫计划，坚决把肉牛的驱虫工作落实到实处。真正做到："肉牛无虫，养牛无忧；牛好人好，一切都好"。

6. 做好肉牛疾病的早期控制，是防止疾病加重和扩散的重要举措之一吗？

肉牛有病其实多数情况下并不可怕，关键在于早发现早隔离早治疗，不要让病情再无端的发生或蔓延。再者，那种让病牛"靠一靠"和"熬一熬"的老黄历直接不靠谱，这种陈旧的迂腐思想应坚决予以抛弃和根除。

养牛场内个别肉牛生有疾病时，应立即采取有效的救治和隔离措施，以制止疾病的进一步蔓延和扩散，使病牛由此带来的各种综合损失减少到最低程度。

目前综合国内外普遍的情况来看，牛场内设立专门的病牛隔离室是最有效、最基本的防病措施之一。一经发现并确定是病牛后，要立即进行隔离和行之有效的药物治疗；并逐一对所有的肉牛群进行例行检查，根据分析结果把肉牛分为病牛、疑似病牛和健康肉牛；对病牛、可疑肉牛进行果决的隔离和有效治疗，对暂时健康的肉牛进行应有的预防或观察。对病牛污染的场地、圈舍、食槽、用具及饲养员的衣物都应彻底消毒，从源头上堵住和清除病患的传播源及传播途径，给绝大多数的健康肉牛创造一个好的养殖环境。

7. 坚持肉牛的自养自繁原则，可有效防止外来疾病的入侵吗？

毋庸置疑，养牛场坚持自养自繁的原则，是有效阻止或预防外来疾病的可靠途径之一，并且还可节省价格不菲的运输费用呢！此举当然值得尽早推广和大量提倡。

有资金、有条件和有技术的情况下，养牛场若能坚持"自繁自养、全进全出"的养殖原则，这无疑是控制和减少疾病的理想办法，能从源头上有效防止外来疾病对肉牛的入侵。由于肉牛从养殖到繁殖需要的生长周期长，加之投资和风险都较大，多数养牛场很难做到全进全出，多是采用逐渐淘汰出栏的办法，来维持养殖规模、喂养成本和其他支出的；但养牛场零星不断的繁殖也不能小觑，不间断的繁殖也是维持养牛场后续规模的一种可靠方式。目前，包括养牛女人和许多养牛同行的养牛场在内，多是采取"保母育犊"的灵活繁育措施。在养好所有肉牛的前提下，对青年母牛和能繁母牛那可是绝对的"另眼看待"，一律额外的好好"伺候"外加精心喂养，为的就是能多接生一个牛犊等于白赚了日后的一个大牛。毕竟牛犊多了是养牛者乐不可支的，美事加好事，如此周而复始，加之养牛的时间久了，规模自然而然的也就慢慢提升上去了。

养牛场自养自繁牛犊最大的好处是：牛犊"一落地儿"就生长在"母牛妈妈"的身边，不等断奶后早已对周围的环境和其他"小伙伴"就相当熟悉了，且早已适应了目前的这种养殖环境，对后续的一般喂养或短期的强制育肥、直至长大后出栏上市，都有着得天独厚、无与伦比的优势或先决条件。再者，养牛场自养自繁条件下的牛犊，没有经过长、短途的运输、颠簸及惊吓，没有适应环境和到陌生环境的应激反应这一关，且牛犊的"身心"没有受到任何的不利和摧残，更不会像外地引进的牛犊那样，今天得适应新环境，明天又得面对饲料的"不合口"，后天还得面对"水土不服"等许多许多不良条件的不适，这些均会影响外购牛犊到场后应有的健康和长势。

养牛场自养自繁的牛犊一经长大，终归会进入下一轮自繁自养的喜人繁殖阶段；如此重复又不断无数次重复的繁育过程，所产下的一头头初生牛犊恰似清晨初升的朝阳，是我和所有养牛同行的满腔希望。

8. 养牛场有必要采取各种措施，来提高饲养员的防疫意识吗?

所有养牛场的饲养员是"战斗"在养牛一线不可忽视的生力军，倘若没有辛勤能干的饲养员就没有养牛投资者的一切。因此，定期或不定期的对饲养员进行多种培训必不可缺少，培训内容有肉牛的养殖和管理，肉牛疾病的观察和防治等诸多方面，目的就是全面提高饲养员的科学养牛水平，逐步提升和完善日常管理的技术水平，树立起较强的消毒行为和防疫意识。因合格贴心、脚踏实地、任劳任怨、工作负责的饲养员，实则就是养牛场值得托付的一个个好"管家"，更是养牛投资者身边不能缺少的"左膀右臂"。

养牛投资者尽管也是某种意义上地地道道的商人，商人一般多讲究在商言商；但举止言行中真诚的流露出如牛般"憨厚可人、仁慈中交"的些许细节，会让饲养员有种给自己"家"干活的良好感觉，这就需要养牛投资者及时制定出完善的奖励制度。制度出台的初衷要抱着换位思考、多奖少惩的体贴心态，毕竟各项规章制度都是大活人制定出来的。透着鲜明人性化的这些管理制度，在肉牛养殖的实践应用中会不难发现：坏处不多、好处倒真不少。我个人发自内心的觉着：应该对所有的饲养员关心仁慈、友好宽容，对饲养员的劳动和辛苦付出要采取大度不失真诚、适当又可行的亲情奖金激励，以此调动全体饲养员对肉牛日常管理、消毒防疫的积极性，使饲养员的养牛技术不仅在自觉自愿的氛围中逐步提高，还有将遵守牛场内规章制度的心理常态化和自觉自愿化，以饱满的工作热情与养牛投资者及所养的牛能"和睦相处"，真诚的"打成一片"，共同将养牛场经营的红红火火、如日中天。

此外，养牛投资者千万不能刻薄刁钻、不近人情，利益上光想着有自己的却没有饲养员的，让饲养员长期处于超负荷超体力的劳动中；有不在少数的养牛场"今天走旧人、明天招新人"，这种较为频繁无序的换人行为，实际操作中不仅对肉牛的养殖极为不利，更不用说将防疫工作稳步又完善的做好，使防疫观念日常化和常态化了。要想肉牛养得好赚得多，就先从做一个体恤下情的智慧型好人开始吧。因我们有理由相信：把好人的这篇人文"文章"做好了，肉牛防疫的一系列工作自然也就落实了、做好了。

第三章 "架子牛"的异地引进与过渡期间养殖技术浅谈

第一节 "架子牛"的引进与选择

1. 何为杂交肉牛？杂交肉牛的品种主要有哪些？

肉牛杂交品种的由来，实则是东西方肉牛业界数都数不清的一次次"包办婚姻"。国家为了更好的服务社会大众、带动就业、提高内需、拉动消费、惠泽亿万民生，全面提升和突破畜牧业的整体档次，故责成国家有关部门负责把世界各国的知名品种肉牛、以招"洋女婿"的形式引到中国来，与国内各地的地方良种牛进行有序多次的杂交、生产出的后代又经畜牧科技工作者的多次去杂提纯后，再与其"后代"或"后后代"杂交出来的便是杂交品种肉牛。老百姓因仰慕其杂交品种的诸多优越性，多又亲切地称其为"品牌肉牛"或"杂交肉牛"。

根据我国畜牧业已进行的肉牛品种甄选类型来看，目前选择引进的肉牛品种多为外来的西门塔尔、夏洛莱、利木赞等，这些"洋"品种的优质种公牛与我国地方黄牛所产的杂交品种肉牛，杂交谱系目前已经到了许多代，其杂交的后代牛早已遍布祖国的大江南北，可谓无处不在。我国地方良种黄牛有鲁西牛、秦川牛、晋南牛、南阳牛、温岭高峰牛等，目前均已获得杂交成功并已应用于养牛实践，也已开发出优质的高档肉牛和品牌牛肉，且多发展正常有序，取得了令人瞩目的不菲成绩或

无法估算的巨大社会效益，极大地推动了肉牛养殖业稳定和健康的发展。（见彩图6、见彩图7、见彩图8）

2. 什么样的牛叫做"架子牛"？

"架子牛"的品种主要以杂交牛为主，二元（代）、三元（代）、四元（代）等的杂交肉牛，实际养殖中发现均有较好的育肥效果。本地黄牛也有更多未曾杂交的"架子牛"，只不过育肥效果要较之品种杂交的"架子牛"差了好大"一截子"，其长势明显不如品种杂交肉牛好，目前这点也是有目共睹、不容怀疑的。

本文称谓中所指的"架子牛"，实则就是膘情尚差的青年杂交肉牛。一般多指未经强度育肥或不够出栏上市体况的较瘦杂交肉牛，养牛业界俗称"架子牛"，泛指已经具有初步的骨架而没有多少肌肉的青年杂交肉牛。

养牛女人对"架子牛"外形的理解是：打眼一看，虽然看着很瘦但体魄不孬，往往给人以高大无肉、骨架明显突出的感觉；用手扯起肉牛的皮来立现很松很松的样子，仿佛"套"了件不合体的宽松大"衣服"，多数瘦的露着一肚皮硬邦邦的长肋骨，像有一定斜度的钢琴杆在那里似的。总之，横看竖看、左看右看，怎么看都是一头没有多少肉的瘪瘦骨架子牛，老百姓就是根据牛瘦皮松这一系列的外形来定义肉牛，送其"架子牛"外号的。（见彩图9）

"架子牛"看似很瘦，但它们正处于一生中生长发育最旺盛的阶段，需要经过一段时间的短期强度育肥，方才能够达到快速增重长肉的目的。"架子牛"的牛龄多在1～1.5岁，体重约在300～350千克较好，其特点是生长快、病害少、饲料转化率高，具有抗远途运输、异地饲养应激少、对饲料的适应性强、出肉率高、市场青睐、经济收益回报快等诸多优点，这也是规模化养牛场和新手养牛乐于从"架子牛"养起的主要原因。

3. 优质"架子牛"应该怎样选择?

如何选择优质称心的"架子牛"是一门学问,更是养牛人需要具备或日后必须练就的技巧经验之一,这点在肉牛的实质养殖过程中十分重要,直接关系到以后出栏时的经济效益。会买牛、买好牛,不是养牛女人三二句话能够说清楚的,这种"绝活"需要随着养牛时间的推移或经验的逐步完善积累,才有可能达到识牛、辨牛的最高"境界"。只有购买到外形大、体格壮、品相较好的"架子牛",到场或到"家"后才更有利于后续的系列喂养,这样式的肉牛多抗病害强、生长更快,助养牛人在短时间内便能取得较好的经济效益。

言归正传。好的"架子牛"引申到书本里面的外貌选择特征是:头短额宽、嘴大颈粗、体躯宽深、前后躯较长、中躯较短、皮薄疏松、体格较大但肌肉不丰富、棱角明显、背尻宽平,具有长肉的潜力;而相对于体躯过矮、窄背、尖尻、交膝、体况过瘦弱的牛只不应选用育肥。

上面这段文绉绉的段落完全出自养牛书本,而养牛女人或家人挑选优质"架子牛"肉眼观看的大白话儿就是:头大脖子粗、眼大身子长、大骨头长肋条、前档深屁股宽、腱大腿粗、皮松蹄子大、毛长光滑而稀少、透露出粉红色皮肉、单脊有骨样、双脊有沟能存一碗水(真的能存贮水)等的。当然了,完全具备这些特点的"架子牛",实际购买的现实中并不多见,但只要具有上述特征的八九条就已经很好了,七七八八的倒也凑合。

4. 喂养"渣子牛"到底有没有利润可算?

何谓"渣子牛"?喂养"渣子牛"到底有没有利润可算,这个问题暂时放一下,养牛女人这里有必要再举例说明下优良

47

"架子牛"的品相优势：像嘴巴宽的肉牛吃得快、消化好，是能长大牛的相貌；肋骨条长的肉牛，肚子大、吃得多，是个多长肉的好"胚子"；皮松且拉开后空间很大的牛，有很大很好的骨架，利于日后放开了生长，已初露出大牛的骨相；大蹄子的肉牛，更是多多容易"出落"成大牛；腚大胯骨宽的肉牛，多出成块的好瘦肉，商家喜欢接受且价高；有双脊能够"网"住水的肉牛，说明正值当年、出肉率高、买家十分乐于接受。

购买时发现与上述问题相驳，毛短且厚、外皮不光滑、看着不顺眼的"架子牛"，多数有多种寄生虫寄生在身上，还有与上述对比相差很多的剩余"渣子牛"，如果价格不是特别便宜的话，最好不要长不住"眼色"而盲目购买。尤其是刚刚步入养牛行列的养牛新手，避免喂养的时间过长、浪费饲料，白白养殖的情况下没有产生相应的利润，只是空赚个养牛人的"名号"，这样根本没有享受到因养牛赚钱而快乐的丁点意思；而有多年丰富肉牛养殖经验的人，则完全可以购买这些品相不好的便宜牛，业内号称像"渣子"一样的"架子牛"。"渣子牛"到家后只要驱虫适宜、彻底，稳步又持续的调理好肠胃，配比投喂给科学合理的粗饲料、精饲料和精料补充料，经细心而又妥善的喂养3～5个月出栏上市，利润照样颇丰。

"渣子牛"经过经验丰富养牛人的悉心喂养，出栏上市后掰指大致一算，扣除所有的成本、人工、饲料和药物后，规模化养牛场还是有500～800元利润空间；经验地道的养牛散户也是完全可以喂养这种"渣子牛"，喂养出栏后的纯利润比养牛场还会高出许些。因养牛散户家方方面面的开支或费用均节省了许多，故利润大些也是十分正常或理所当然的。

5. "架子牛"的引进与出栏上市，和牛龄的关系重大吗？

购买"架子牛"进行短期育肥时，"架子牛"的牛龄十分重

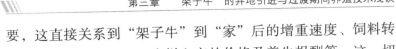

要，这直接关系到"架子牛"到"家"后的增重速度、饲料转换率、总的酮体质量、出栏上市的价格及养牛报酬等，这一切均和"架子牛"的牛龄有着密切的关系。

（1）牛龄较小的"架子牛"，主要是靠肌肉、骨骼和各种器官的生长来综合增加自身的体重，且混合饲料中粗饲料可以占到较高的比例，其喂养的成本相对较低，而养殖周期则明显缩短，出栏上市后的经济效益颇为理想。

（2）牛龄较大的"架子牛"，则主要依靠体内贮存累积的脂肪来增加体重。鉴于此，大家应该不难发现："架子牛"的牛龄最好是在1.5～2岁，然后经2～6个月的短期育肥就能达到很好的出栏上市标准。

（3）倘若按具体的育肥计划来购买和选择"架子牛"的牛龄，如按计划需要喂养100～150天左右出栏销售的，多数应选择1～1.5岁牛龄的"架子牛"；秋天购买"架子牛"准备第二年出栏上市的，最好应选购1岁牛龄左右的"架子牛"，但尽量不要购买那种膘情好、体重大的"架子牛"，这样看似好的肉牛上膘要比体瘦的相差很大"一截子"。用养牛业内人士的话说：好膘牛长得慢，骨大瘦牛长得快。

（4）主要利用大量粗饲料育肥"架子牛"时，则应选购2岁牛龄左右的"架子牛"为好，这样稍加育肥便可出栏上市了。这里的粗饲料泛指玉米秸秆青储、农作物秸秆青储、啤酒糟、白酒糟、玉米皮、淀粉渣子、麸皮、棕榈粕等。

6. "架子牛"的健康状况要从哪些方面再加以注意？

健康的"架子牛"上面已经叙说完毕，这里再重点说说不健康或亚健康"架子牛"的一些外貌特征，仅供养牛新手参考。

（1）粗看"架子牛"精神面貌不振时，需要再进一步地仔细端详。此时会发现"不精神"的肉牛两眼无神，眼角的分泌物较多，且胆小易惊，不爱活动、连挪动几步都带倦怠之表现的，这种"架子牛"可能健康状况十分不佳，建议不要贪图便宜而盲目购买引进。而那种两眼有神、行动协调、身形敏捷的"架子牛"则是正常健康的肉牛，只要价格合适或价格稍高时也均可放心大胆的购买。

（2）若发现"架子牛"的背部毛发粗乱无序，眼观体躯短小，浅胸窄背，表现出严重的饥饿状况，给人一种营养不良或吃不饱的感觉，则说明该"架子牛"早期可能生过病或正患有慢性疾病，其生长发育已经严重受到阻碍，此种状况的病态"架子牛"不宜选购。眼观其体质明显不佳的"架子牛"，耐受不了长途运输或运输过程中的应激反应，建议放弃并另行选购。

（3）购买"架子牛"的时候，应该让肉牛在附近走一走，顺势细看一下"架子牛"站立和走路的姿势；此时还要弯腰或蹲下仔细检查肉牛的蹄子底部，如果肉牛表现出负重不均、肢蹄疼痛、蹄子怕着地或抬腿困难及蹄甲不完整时，则说明该"架子牛"早就患有腿部疾病，建议最好不要选购。一旦贪图便宜盲目购进养殖后，特别对于圈舍栓系喂养方式的，由于养牛圈舍的地面普遍较硬，肢蹄有异样的"架子牛"很有可能会遭中途淘汰，这样一来养牛人就很容易亏本了。

（4）异地购买"架子牛"时，最好到养牛圈舍里多观察一段时间，期间通过观察"架子牛"的进食饮水、排便排尿、咀嚼反刍等细节情况，便于准确判断"架子牛"综合的身体状况，并由此可以初步确定该肉牛是否患有消化道疾病等，这点十分重要。

第二节 "架子牛"进场后养殖技术浅述

在肉牛养殖的前期，相信大家多会从网上或书店里购买几本关于肉牛养殖方面的书，而养牛书籍里面也多会出现"肉牛高能日粮育肥技术""高能日粮中含有代谢10.9兆焦耳以上"等的关键性字眼，这些特别精准而又绕口的专业术语，有时既不好理解也不会计算。养牛女人这里换成老百姓容易弄懂的大实话就是：肉牛日常饲料中精饲料的比例起码要达到70%以上，才能维持10.9兆焦耳每千克肉牛日粮，即一头肉牛每天精饲料的消耗能量。倘若达不到这个基本要求的话，则肉牛没有称心如意的理想长势。

上述引号里"肉牛高能日粮育肥技术"和"高能日粮中含有代谢10.9兆焦耳以上"的话，现实中这个喂养技术的过程即是：从购买源头的全粗料日粮型的青年或老年"架子牛"，一经从牧区或农垦区运输到全国各地的肉牛养殖场，加以牧区或农垦区没有的精饲料、精料补充料的足料供给，喂养全程实行高日粮的短期强制育肥，让所引进的"架子牛"经4～5个月达到优质肉牛的上市体魄。

进场后"架子牛"整个育肥过程的中心，始终围绕着短期育肥或短期强度育肥的宗旨去更好的喂养，尽量缩短或在较短时间内转向精料型的日粮过度，实现短期的强度育肥、达到尽早出栏上市的目的。

外地新引进的青年或老年"架子牛"，其育肥全程一律运用高效"肉牛高能日粮育肥技术"，完全可以在120～150天内育成出栏上市，个别长势较快的则缩短至100～120天，便可成为营养丰富、肥瘦相宜、肉多汁嫩、口味鲜美、爽滑易消化、价格高于当地品种黄牛或土杂牛的优质肉牛，成为人们餐桌上争相青睐的极品牛肉。

养牛女人下面专门谈谈肉牛的前身，即"架子牛"从源头购进、到"家"后一系列具体的适应管理技术、养殖中的育肥技术、肉牛出栏标准或正常出栏上市的粗略全过程，相关具体内容浅述如下。

1. 怎么让"架子牛"缩短恢复期？

"架子牛"到"家"后的恢复期不需要太长的时间，一般在10～15天，个别体质好、身体硬朗的则适应能力特别强，则在5～7天便已完全适应了一切，即新的养殖环境及其良好的饲料转换。这是一个特别好的信号和兆头，可以从中再行甄选理想的能繁母牛，用于牛场的后续再繁殖；若是公牛的话，则是提前出栏上市、卖价更好的优质肉牛。

"架子牛"经过较长时间的远距离运输，虽说是专车专运，但由于运输造成的应激反应和疲劳消耗等，必须经过一段时间的体力恢复，才能进入正常的育肥阶段。因"架子牛"在购买地的养殖方法、投喂饲料、饮水条件及养育环境都与新"家"有较大差异，这就需要有个慢慢适应或逐步恢复的过程。在"架子牛"到场后的恢复期里，我们给予的日常饲料应以青干粗饲料或青贮秸秆饲料为主，一般要达到50%～55%，精饲料仅维持在4%～5%，这个时期的精饲料一定不能过多，保持料少草多、以青干粗饲料为主的喂养方法，易于"架子牛"肠胃的良好转换，为下步的顺利过渡喂养打好基础。

2. 怎样让"架子牛"安全的度过过渡期？

如此经过一段时间的妥善恢复，应激或疲惫的"架子牛"早已恢复到正常，此时应着手向育肥期慢慢过渡，即称为"架子牛"的过渡期。

"架子牛"过渡的时间为10～15天，身体好、体格壮的

"架子牛"，只需7～10天即可完成很好的过渡。经过上述时间恢复期的一段喂养后，绝大多数的"架子牛"已基本适应了新的养殖环境和喂养条件，此时便可逐渐进入由粗饲料向精饲料的正常过渡，但还得是草多料少的那种喂养方式。在"架子牛"的购买地，由于喂养习惯的不同及饲料供给方面的限制，"架子牛"很少甚至从来没有进食过玉米一类的精饲料或精料补充料。因此，"架子牛"的育肥前期要稳步的适当调教，从而好进入下步的短期育肥阶段，即俗称的肉牛短期强度育肥。优质肉牛的育肥工作即从这个阶段拉开了序幕。

"架子牛"过渡期的喂养还应具体做好下面的几点工作。

（1）"架子牛"到场后除先供给适量的饮水外，还应加适量的食盐用来调理肠胃，增进其食欲。以后逐渐由少到多的增添粗饲料和精饲料的投喂量，如此经5～7天的喂养后，方可转为正常的喂养，过渡期顺利结束后，再转入正式的育肥阶段。

（2）新到"家"的"架子牛"应在环境安静、清洁卫生、干燥通风的地方趴卧休息。

（3）及时提供新鲜清洁的饮水和适口性较好的粗饲料。

（4）细心观察"架子牛"的进食饮水、排便排尿、反刍咀嚼及四肢状态，发现情况有异样时应及早处理。

（5）待"架子牛"一切正常后，要及时进行体内和体外共同的驱虫工作，以利期正常生长。

待上述过渡细节一一完成后，"架子牛"的过渡期也业已顺利结束。此时，如果"架子牛"的牛体一切正常无异，便可按牛体品种、大小分群等，并入专门的育肥圈舍进行下一步的育肥工作。

3. 对"架子牛"怎样实施短期强制育肥法？

由"架子牛"过渡到优质肉牛的过程，也叫肉牛的短期强制育肥法，这个过程不仅十分重要，更是养牛人收获回报的关键所在。

此时的"架子牛"要正式称之为肉牛了，以便展开后面的撰写。

肉牛短期强制育肥具体的喂养技术是：将精饲料和粗饲料充分拌匀并加适量的水分，使精饲料能均匀的附着于粗饲料上；或将精饲料与含水量较大的青储饲料充分拌匀后投喂，这样连续投喂几次后，"架子牛"就能逐步的习惯了；之后再逐渐增加精饲料在粗饲料中的比例，使这个比例数慢慢占到40%～45%，这是"架子牛"育肥的初级阶段，尔后便称"架子牛"为肉牛了。

肉牛短期强制育肥时间为100～120天，特别快的则在80～90天，慢一些的会延迟到130～150天，其长势的差异十分明显，建议同行应将长势极为缓慢的适时淘汰，以免出现吃料吃草多、长肉长膘少的"僵牛"，一旦遇上此样式的"僵牛"则无利润可言，及时淘汰便是明智之举。

在肉牛的短期强制育肥期内，日常喂养中精饲料的比例应在逐渐提高，如10～20天精饲料要达到55%～60%；21～50天要达到60%～65%；51～90天要达到65%～70%；91～120天要达到70%～75%。精饲料的这个添加比例不是固定不变的，如有的养牛场精饲料的添加比例后期增加到了75%～80%，更有高者甚至达到了80%～85%，据说增膘收效倒也十分显著。具体配比精饲料的比例主要看肉牛的长势、膘情和进食量，有时还要看肉牛排泄的粪便中有无精饲料的浪费等。

养牛女人最后补充一句，如上所说的这些有令人满意的骨架，但没有多少肉、皮包骨头般的"架子牛"，必须眼观没有重大疾病或明显疫病，不要盲目从疫区购买特别便宜的"架子牛",也不要购买没有开具动物检疫证明的"架子牛",以免贪图小便宜而至最后吃了大亏。关于购买的"架子牛"是否有疫病,必须让卖牛方出具当地畜牧部门开出的购买"架子牛"真实的检疫证明后,方才可以装牛上车、尔后再妥善运输到"家"养殖育肥的。

第三节 "架子牛"称之为肉牛后育肥技术浅谈

1. 肉牛短期强制育肥中还应注意什么问题?

"架子牛"的转换后期便可称作为肉牛了,肉牛的短期强制育肥由粗饲料到精饲料、乃至后期精料补充料的一系列过渡喂养中,其实还应注意以下几点。

(1)提高精饲料的能量含量,满足营养物质的供应

肉牛后期的育肥精饲料应单独配制,重点突出精饲料中的能量物质的配比,条件许可的可以少量添加动植物油脂,一般需占到精饲料的1%~3%,适当减少蛋白质饲料的添加量,同时需要满足矿物质和维生素等营养物质的供应,最大限度满足肉牛后期特殊的生长需要,育肥出理想又满意的标准优质肉牛。

(2)对个别病态肉牛实行一日多餐制,人为促其恢复正常

有个别肉牛进食精料或精料补充料后会出现胀肚、拉稀、严重时停食的现象,为有效防止此种现象的发生,可对这类病态肉牛采用一日多餐制,以此预防这类因进食过多或进食过量造成的涨肚、停食或拉稀。鉴于此,应在最初的几天,每天投喂5~6次,经过2~3天,可由每日的多餐制更改为自由进食,即料槽和水槽内24小时有料有水,任其自由吃喝。

(3)满足充分的饮水,初期可多次供应

肉牛初期的投喂应保持在七八成饱,余下的二三分饱应

用充足的饮水来满足。食饱七八分、水饱二三分的喂养方式，外行人看似有些不尽人意，实则对初期育肥的肉牛特别适合，这种"狠心后娘式"的喂养方法不会令肉牛出现胀肚和拉稀现象，对肉牛转换后的肠胃有很好的保护作用。有条件者可采用自动饮水设备效果最好，如果条件不能许可的也大可不必为之沮丧，可人为每日供应饮水3～4次，既简单又省钱也是不错的一种喂养方式。

（4）勤于观察，一旦发现有异样要及时处置

肉牛由粗饲料变为精饲料喂养的最初几天，饲养员要勤于观察每头肉牛的反刍活动、精神状态或排泄的粪便情况等，如果发现有异常的反应情况时要及时的予以救治。肉牛养殖务必坚持早发现、早确诊、早治疗的原则，努力争取把一切病疾统统都消灭在病患的"萌芽期"。

（5）精粗饲料比例要合理搭配，慎防造成精饲料浪费

养殖中肉牛的精饲料和粗饲料的投喂比例不要过于死板。因为，育肥中的肉牛在这样充足优越的喂养条件下，有时个别肉牛会因消化不了而降低对精饲料的消化率。由于精饲料消化率的下降，还会直接影响肉牛饲料转换率的降低，无形中更是直接造成了精饲料的浪费，且长势受到一定影响并延长了喂养周期，既增加了喂养成本又降低了出栏后的"到手"利润，此举由于精饲料的过量投喂而随即变得非常不划算。假设遇到这样能长肉又"省料"的个别肉牛，一定要欣喜的另眼"特殊"对待，以防浪费精饲料的同时对肉牛还有不少危害。

总的来说，精饲料的用量一般为体重500～550千克的育肥肉牛，每头每天供给混合精饲料的量不低于或维持在5～6公斤，若以每天的饲料总量来计算，即最高用量可占到饲料干物质的80%～85%；但相对投喂的粗饲料要求为能量大、水分多、

易消化、适口性好的青储秸秆，这样的比例搭配对育肥中的肉牛来说，其日日见长的膘情和长势便很"对得起"精饲料了，其消化率或转换率更是提高或改善了不少，且肉牛进食后没有出现胀肚、拉稀和消化不良等的其他不良弊端。由此可见，青储后的玉米秸秆粗饲料对育肥期的肉牛有多么的重要了，这里可别小瞧了玉米秸秆对肉牛养殖的贡献。（见彩图10）

2. 肉牛育肥后期还有哪些特别需要注意的事项？

对于肉牛育肥后期出现个别不理想情况的肉牛，如因不明原因突然减少进食量而喜欢长时间趴卧，甚至不愿起身的；没有到育肥程序结束但体重已然达到上市要求的；或其他多种原因需要必须出栏的，应适时单挑出栏上市，千万不要吝啬销售或做集中销售。遇到类似这样的特殊情况应当机立断，以免经济受损。

其次，育肥过程中个别有异样的、长势特别快的都一一销售完毕后，余下的多数健康肉牛要做好最后一个月的统一喂养、统一管理，力争投入和发挥出最理想的综合育肥效能；只是期间要避免育肥后期的肉牛过早肥胖，出现食品加工企业和肉牛商贩不乐意购买的"大肚子牛"。另外，要人为给育肥后期、邻近出栏的肉牛一个相对安静的喂养环境，如别无故赶牛站起、不轰打或惊吓正常进食中的肉牛，以便更好的完成后期的育肥工作。

肉牛育肥的后期需要适当投喂添加剂，目前给肉牛添加使用的饲料添加剂种类很多，其主要功能便是能够促进肉牛生长或改善其机能，变相提高饲料入腹后的消化利用效果，并能提高肉牛的免疫功能或健康水平。这期间对个别进食量少或膘情稍差些的育肥肉牛，需额外添加一部分精料补充料，人为促使它尽快"撑起"膘情来，以免赶不上集中出栏的这一"拨"、成为经济效益较差的"垫圈牛"。

3. 出栏肉牛的育肥程度应该怎样确定?

在搞好育肥肉牛后期喂养管理的同时,还要提前把欲要出栏上市的肉牛自行靠拢栓系、严格分级。这一归拢分级的细节便于销售时集中赶牛出圈,不会影响其他继续喂养的肉牛。其次要早早联系信誉好、级别高的食品加工企业,这样的大企业实行优级优价或看牛论价,能最大限度地保证养牛者的经济利益。只要初步加工后育肥牛的胴体出肉率高、肥瘦适宜,食品加工企业也是非常乐于和养牛技术高的人建立长久的销售关系;一旦和这样高级别的食品加工企业良好的"交道"下去,养牛者才能获得高于其他同行没有的真正实惠。

出栏育肥牛到了什么程度才算是"大功告成"呢?主要看育肥肉牛后期的采食量明显下降,肉牛的肚腹眼观缩小、出现收紧肚子的现象;且肉牛不愿走动、皮肤的褶皱少、体膘丰满,看不到明显的骨骼外露。另外,肉牛的臀部丰满、尾巴根的两侧看到有明显突起、胸前端突出又圆大;其次手握肋部的皮筋、手压腰背部的肌肉处,均有肉乎乎、厚墩墩的实轴感,好像使上"一大把劲儿"也抓不起来的样子。其次,育肥出栏肉牛的背脊部多紧致圆滚,要么看似像一马平川的"肉案板",要么有一条如甘蔗粗细的脊梁沟、能够装下一大碗水的样子。

上述这些细节都是育肥肉牛中的上品或极品,也是出栏肉牛最高最好的育肥状态。

4. 有没有可以参照快速育肥肉牛的具体方法?

肉牛快速育肥的方法多种多样,不拘一格,下面介绍几种常见的肉牛育肥方法,仅供养牛散户和养牛新手参考。

(1)青草育肥肉牛法

青草育肥法是采取放牧和补充精饲料相结合的方法来进行

育肥。肉牛在育肥期间需确定专人放牧和喂养，有条件者可上午和下午各放牧一次，也可每日只放牧一次，放牧时间在7～8小时，肉牛在放牧时大约要啃食的青草量约为50千克；放牧前或归圈后，早、晚各补充精饲料一次。精饲料每日大体的配方标准是：精饲料1.5～2千克、人工盐45～50克、补益生长素35～40克、尿素45～50克。

具体喂养的方法是：将上述三种补益添加剂掺在粉碎后的精饲料中混合均匀，每日分两次投喂给育肥肉牛。在补喂精饲料时先喂铡成寸段后的青鲜草，待肉牛进食至大半饱时，再把混合好的精饲料均匀的搅拌在碎草中，让其自然进食吃饱吃完为止。每日提供饮水多次，每次肉牛饱腹后要有2～2.5小时的反刍时间，以利其进行充分的细细消化，肉牛这样才能保持良好旺盛的食欲，且对育肥中的肉牛十分有利。

（2）青储玉米秸秆育肥肉牛法

青储玉米秸秆是育肥肉牛非常好的优质粗饲料，在育肥期投喂青储发酵后的玉米秸秆粗饲料，可在降低精饲料的水平上达到较为理想的日增重。但随着肉牛育肥期不断的延伸其精饲料投喂量在逐渐增加，投喂青储玉米秸秆的供应量将要随之下降，以满足肉牛中后期高强度的育肥需要。

青储玉米秸秆粗饲料的投喂量，一般需要占到饲料干物质的45%～50%。若投喂的青储粗饲料不是当年新铡新储的，必要时可以添加1%～2%的碳酸氢钠溶液，可起到减少陈年青储粗饲料中多余的酸度，能更好的增进或强化肉牛的消化转换率；如在青储粗饲料中再加1%～2%的尿素，则肉牛消化的效果会更好，只是此举一下子便额外增加了劳动强度，这点是同行们十分不太乐意接受或应用的地方。若是当年新铡新储的青储玉米秸秆，就免去上述添加碳酸氢钠和尿素的麻烦了，可直接投喂给育肥期的肉牛，且肉牛非常乐意进食。

除用青储玉米秸秆粗饲料用来育肥肉牛外，目前使用青储全株玉米的也不在少数。青储全株玉米不仅存储发酵后营养成分损失得少，专业人士调查统计后的数据表明一般不超过15%左右，且保存的时间还会延长，而且完全可以保持粗饲料中的多汁性。储存中经乳酸菌作用的发酵后，其适口性更加符合肉牛的胃口，是目前育肥肉牛中最好的青储粗饲料，只是价格较之青储玉米秸秆要高出许多，使用前务必要将价格问题考虑其中。

青储玉米秸秆粗饲料是名副其实的发酵饲料，发酵成功后的饲料pH一般在5.0左右，其后续的发酵过程中可能还会生成乙酸和乳酸，这样就会使得青储玉米秸秆粗饲料的酸度过高。酸度一旦过高的青储秸秆发酵粗饲料，不仅会降低肉牛原本喜食的适口性，而且对肉牛的牙齿和胃肠均有一定的腐蚀性和刺激性，不利于育肥肉牛正常的进食和食用。具体解决的办法很简单，即在青储后的玉米秸秆粗饲料中适量加一点尿素，便能很好地解决青储粗饲料中酸度过高的所谓棘手问题，而且还能提高青储玉米秸秆粗饲料中的蛋白质含量，对肉牛快速的育肥十分重要和有益。

（3）酒糟尿素分段投喂育肥肉牛法

各地的啤酒厂和白酒厂都很多，生产酒类后剩余的糟渣子简称酒糟，肉牛也非常乐于喜食。在价格低廉的糟渣类粗饲料中，以啤酒糟育肥肉牛的效果最好，白酒糟也可以，但较啤酒糟会逊色许多，肉牛接受起来也不如啤酒糟那样喜食。

肉牛育肥中若投喂啤酒糟或白酒糟时，一般酒糟的用量要占到饲料干物质30%～35%，但需要分阶段性投喂，这样投喂更利于肉牛快速的持续育肥。

1）酒糟投喂的第一阶段，即肉牛进入育肥期的第一个月，投喂混合饲料的大致比例是：酒糟15～16千克、干草2.5～3千克、玉米面0.8～1千克、尿素45～50克，每5～6天添喂一次食盐，每次用量为45～50克。

2）酒糟投喂的第二阶段，也就是肉牛育肥中的第二个月，混配饲料的比例为：酒糟12.5～13千克、干草3～3.5千克、玉米面1～1.2千克、尿素45～50克，也是每5～6天添喂一次食盐，每次用量在45～50克。

3）酒糟投喂的第三阶段，即肉牛育肥中最后的30～45天。此时，育肥肉牛全天饲料的混配比例是：酒糟22.5～23千克、干草2～2.5千克、玉米面1～1.4千克、尿素70～75克，食盐变成了每天添喂一次，每次用量45～50克。

育肥中的肉牛，为了养成让肉牛吃饱吃好又不剩余饲料的好习惯，最好将肉牛进食的时间人为限制在1小时左右，加上饮水时间可延长至1.5小时左右，这样便于肉牛每天进食后就地好好的趴窝休息，减少活动利于育肥蹲膘。

（4）豆腐渣育肥肉牛法

国内豆制品的消费量一直很大，各地加工豆制品的食品厂或小作坊更是比比皆是。豆制品的下脚料豆腐渣就是肉牛育肥的上好廉价饲料，有条件者不妨购进用来育肥肉牛，其效果相当不错。

豆腐渣投喂育肥肉牛的喂养管理基本与酒糟育肥法相似，只是混配饲料的比例略有不同，即育肥肉牛每天需要豆腐渣1～1.5千克、玉米面0.5～1千克、干草5～6千克、炒盐30～35克。

豆腐渣育肥肉牛的实践表明，用豆腐渣育肥肉牛的增重效果，与上述几种育肥方法的效果相差无几，值得采用和推广。

另外，豆腐渣育肥肉牛的具体方法，其操作还可参照上述酒糟尿素分阶段育肥法，此举效果也是十分的不错。

5. 投喂糟渣类饲料育肥肉牛时，还有哪些注意事项？

（1）育肥肉牛前，必须对所有育肥肉牛集中进行驱虫一次，以利肉牛育肥的效果更好。

（2）育肥时不宜把糟渣类饲料作为肉牛的唯一饲料，应适当地和铡段后的青草、青干草、农作物秸秆、青储玉米秸秆等的粗饲料进行搭配。若与隔年或多年的青储饲料搭配时，最好应在混配饲料中添加碳酸氢钠（小苏打），以此减少或缓解粗饲料中多余的酸度，这样添加后投喂肉牛会更安全放心。

（3）给育肥肉牛长期投喂白酒糟时，应在混合饲料中及时补充维生素A，一般每头每天1万～10万国际单位。

（4）投喂育肥肉牛前，糟渣类饲料和其他饲料要充分拌匀后再投喂，这样肉牛会更乐意进食。

（5）肉牛的育肥过程中更要严把进货关，发霉变质的糟渣类饲料不仅不能收货，而且更不能投喂肉牛，以免引起肉牛的严重不适，影响肉牛育肥的安全或正常长势。

（6）育肥肉牛的糟渣类饲料越新鲜越好，肉牛不仅喜欢进食，而且对育肥十分有益，有条件者可投喂当日新鲜的啤酒糟或白酒糟。

（7）正规厂家出产的啤酒糟或白酒糟，会向购买者出具附有权威部门分析测定的各种营养物质鉴定表，若发现其蛋白质含量低于17%或不足14%时，要在投喂的糟渣类饲料中掺入0.4%～0.5%的尿素，或其他含蛋白质量高的饲料，藉此用于改善糟渣类饲料的品质和口味。

（8）在投喂糟渣类饲料育肥肉牛时，个别肉牛会偶尔出现轻度拉稀或间断性拉稀现象时，应在每日投喂的混合饲料中添加瘤胃素；如果瘤胃素及时添加了，但拉稀肉牛的症状却日趋严重时，此时要及时调整混合饲料中糟渣类的比例量，同时对拉稀肉牛施以对症有效的药物，人为促其尽快恢复至正常。

（9）控制好糟渣类饲料的酸度是育肥肉牛过程中的关键。啤酒糟、白酒糟甚至其他果蔬渣料，一旦储存堆积的时间过长就会自然生成了发酵饲料，糟渣料饲料堆积的面积越大、存放的时间越长，其酸度也就越大。如果长期用这些含酸度高的糟渣饲料来育肥肉牛，对肉牛原本健康的体质就会产生许多不良影响。如果肉牛食用酸度糟渣料的时间过长，眼观肉牛会逐步出现皮毛焦燥不顺溜、体表不干净、皮紧肉少、夹肚收腹等不良症状，其育肥效果更会大打折扣，同时对出栏上市后的牛肉品质影响也较大。肉牛育肥中倘若遇到此种情况，可在育肥专用的混合精饲料中添加一定量的碳酸氢钠（小苏打），待进行混匀中和后再投喂肉牛就十分安全了，且肉牛的育肥效果一度又重新提升上去、恢复如前。

把碳酸氢钠（小苏打）适量添加在混合精饲料中的形式，比直接添加在青储玉米秸秆粗饲料中要方便得多，其降低饲料中酸度过高的作用是完全一样的。

6. 健康肉牛育肥期间如果过量喂食酒糟有无异样发生？如有的话应如何处理？

酒糟中含有醋酸及酵类物质，即便是没有发生霉变的优质酒糟，如果大量无序投喂也会致使健康肉牛发病，此况颇有些"好东西不能多用"的意味，但事实确实如此。

（1）健康肉牛过量进食酒糟后的不良症状

健康肉牛过量进食酒糟后会有精神兴奋，行动不稳，如人般似有喝醉酒的滑稽状态；还有黏膜潮红，肚腹下和乳房四周皮肤有皮疹或凸凹不齐的疙瘩出现，还有便秘和下痢交替发生的行为，同时伴有腹痛腹泻、意识麻痹、身体虚脱等的不良异样症状。

（2）控制酒糟用量是预防异样发生的前提

为有效防止育肥期间的健康肉牛，因过量投喂酒糟出现异样的弊端，养牛女人建议干酒糟在日粮中的添加比例不要超过15%，应控制在10%～12%；鲜酒糟的添加比例不宜超过30%，宜保持在25%～28%。此外，坚决禁用霉变严重的干鲜酒糟来喂养肉牛。而眼观轻度霉变的干鲜酒糟，可先用1%～1.5%石灰水搅拌混合均匀后再投喂；也可将霉变程度轻微的酒糟适当晾晒后再行投喂肉牛为好。

（3）过量投喂酒糟致肉牛患病后的有效对症治疗

可立即给患病肉牛内服1%～2%碳酸氢钠（小苏打）溶液或鲜豆浆水1200～1500毫升，静脉注射5%葡萄糖溶液1500～2000毫升；病牛腹下和乳房四周出现皮疹或疙瘩的，可用1%～2%高锰酸钾溶液冲洗患部，每日3～4次，不消多日即可病好如初。

7. 肉牛育肥后期应如何防止腹泻？

肉牛在后期的育肥过程中常常会发生腹泻现象，粪便颜色有时呈黑色，有时也呈黄色，这是标准的腹泻现象。下面养牛女人将为大家简单地介绍该病的防治，希望能对广大养牛散户和养牛新手有所帮助。

（1）用发霉变质的饲料育肥肉牛，是致使其发病的主要原因之一

养牛散户和养牛新手千万勿用已经发霉变质的饲料来喂牛。如果投喂的时间长了，加之饲料混配的不是很合理，精饲料投喂的量过大，还有天气突然发生巨大变化等等的多个副因，均会引起育肥后期的肉牛出现腹泻现象。

（2）育肥肉牛的腹泻发病症状，其实养殖中是很好判断的

育肥肉牛一旦出现腹泻现象时，眼观会发现其进食量显著下降，精神状态严重不佳，另外还有低头闭眼，尾巴不停摇摆

等平时没有的动作。

（3）瘤胃素用于防治育肥肉牛腹泻的症状，效果确数第一

个别肉牛由于育肥后期，精饲料投喂的量过多过大时会引起腹泻症状，可在配合搭配的精饲料中添加瘤胃素予以对症改善。

育肥后期的肉牛出现腹泻现象时，应对预防和治疗的措施要同时进行。第一不再继续使用发霉变质饲料喂牛，第二还要积极变更下育肥精饲料的配方比例。具体的适宜混配比例是：当精饲料中干物质的比例超过60%左右时，应在配合饲料中添加适量的瘤胃素，一般用量约为每头肉牛55～60毫克，这期间至少让育肥肉牛有3～5天的过渡期；待5～6天后可每天每头增加至200～300毫克，但最大用量不要超过340～350毫克，直到育肥期结束肉牛出栏上市为止。

（4）由细菌或病毒引起的育肥肉牛腹泻时，可采用相应的治疗药物用以根除，后面的章幅会有专门的详细介绍，这里暂不一一叙述。

第四章　牛犊养殖的实用技术浅谈

第一节　牛犊的哺乳技术浅谈

1. 人工怎样哺乳无奶可吃的初生牛犊?

咋一看到这个标题,也许有人会问了,产犊后的母牛不就是天生的产奶"高手"和最好的"鲜奶包"吗?怎么又要人工哺乳无奶可吃的初产牛犊呢?其实,人类和动物乃是同一个原理,这样想来该问题就一点也不自相矛盾。母牛繁殖产犊后真的同我们人类一样,竟也有为数不少的"无奶牛妈妈"。可初生牛犊可不管"妈妈"有奶无奶这一残酷现实,落地1~2小时内最好要吃上来自亲产母牛的香甜乳汁,即初乳。若长时间还吃不上初乳的话,自然会对初产牛犊的身体严重不利,且会影响牛犊后续的发育和生长。

"无奶牛妈妈"多是些地方品种肉牛,或一些初级改良牛的低级代能繁母牛,这样的母牛在生产牛犊后,泌乳量较少甚至出现产后无乳的情况在现实中竟也十分多见,为了保证初产牛犊尽快吃上初乳、维持其正常的生长和发育需要,养牛场多是采取人工哺乳牛犊的传统原始方法,人为助无奶可吃的初产牛犊顺利过渡到正常,直至断奶后牛犊能自行吃料吃草。

人工哺乳无奶牛犊的方式也称为灌喂。牛犊的灌喂方式目前主要有两种,分别是:用桶饮喂和带奶嘴的奶桶吸喂。牛犊人工哺乳还有一种是用机器灌喂的,后面有专门的详细介绍,本篇暂且不谈。

（1）用桶饮喂无奶牛犊法

牛犊用桶饮喂时，要人为的先把奶桶妥善地固定好，以牛犊低头饮奶的姿势看着舒服且没有明显的呛噎就行，这里没有特别的模式动作和限制规定。

牛犊每次饮奶完毕后，饲养员要用干净的毛巾擦干牛犊的嘴角。此法也可用浅些的盆子来替代，无论使用什么样的装奶容器，以牛犊便于接受饮喂、卡不住头部为宜。只要发现牛犊能很好的自行饮奶且饮量在逐渐的稳步增加，说明这样的牛犊多是十分正常和健康的。

（2）用带奶嘴的奶桶吸喂牛犊法

用带奶嘴的奶桶吸喂牛犊时，多是不能自行接受饮喂的弱势牛犊或早产弱小牛犊，需要饲养员采用人工引导灌喂法。在灌喂前应人工加以引导或唤起牛犊本能的吸吮功能，以此唤起牛犊的吸吮欲望。牛犊具体的吸吮引导手法特别简单，即饲养员将事先洗干净后的手，伸出大拇指或中指十指慢慢伸进牛犊的嘴巴深处，待感觉牛犊吸吮有劲又强烈时顺势把奶嘴伸入，尔后饲养员把手指抽出即可。这样经饲养员人工诱导灌喂后，牛犊多会自行畅快的吸吮奶汁；待牛犊吸吮正常、吸奶量稳步增加后，可慢慢改用奶桶或奶盆供牛犊自己吸吮，直至牛犊正常断奶后。

2. 无奶牛犊每天大体的给奶量约是多少？

（1）无奶牛犊每天大约的供奶量

1～10日龄的初产牛犊，每头每天的供乳量为5～5.5千克；11～20日龄的小牛犊，每头每天的供乳量为7～7.5千克；21～40日龄的未满月牛犊，每头每天的供乳量为8～8.5千克；而到了35～40天时，牛犊的供乳量要逐渐减少，因这期间牛犊已经在自行进食一部分草料了，供乳量可以适时调整为：41～50日龄的牛犊，每头每天的供乳量为7～7.5千克；51～60日龄的牛犊，每头每天的供乳量为5～5.5千克；61～80日龄的牛犊，每头每天的供乳量为4～4.5千克；81～90日龄的牛犊，每头每天的供乳量为3～3.5千克。

目前多数养牛场对场内自行繁育的牛犊，人工哺乳期多是维持在80～90天，但也有不足这个数字的，已知优势牛犊短的仅在55～60天，且目前已知竟为数不少。这中间已经早早"锻炼"让牛犊自行进食一部分草料了，故人工哺乳的时间会明显缩短。实践证明，这是智者所为的明智之举。因牛犊能早一天减少对鲜奶的依赖或按阶段按情况逐步停奶，再逐渐过渡到能进食同样营养丰富的配方草料时，那对泌乳期的母牛就会减少一份营养消耗。随着对牛犊供奶量的逐渐减少，实则对产奶母牛恢复身体及膘情十分有利，好让其尽早进入下一个同样值得期待的繁育周期。

（2）无奶牛犊至断奶时大体的供奶总量

在人工哺乳80～90天的奶源供应中，完全利用从其他产后母牛收集来的奶源，来喂养产后无奶或不会自行吸吮的弱势牛犊。一般笼统的计算下来，一头无奶牛犊通常需要人工供应总量为360～400千克，个别弱势的牛犊要达到400～510千克的鲜奶，按照80～90天哺乳的给奶量平均下来，每头无奶牛犊每天至少要保证有4～6千克的鲜奶供应，才能满足无奶牛犊身体正常的需求和需要。倘若按照55～60天视牛犊个体状况逐步断奶的话，无形中就会远远少于这个数量了。

（3）巧妙判断无奶牛犊的饥饱程度

养牛女人首先说明一下，上面列出弱势牛犊哺乳期的这个给奶量不是特别的精准，只是综合估算后的一个大概。无奶牛犊也和我们人类一样，即便有近似的体重不一定能进食相同量的食物，主要还是以牛犊吃饱了但别撑着为适宜。这个饱"度"我个人觉着应这样来有效把握：

一是根据牛犊的个体大小或牛犊日龄，来确定每日甚至每日每餐的多次供奶量。

二是牛犊的肚子根本不会"撒谎"，一旦肚腹进食得差不多了，达到七八成饱的时候。牛犊多会表现出吃吃停停、停停再吃吃的悠闲样子，不像初吃奶时吃地那么凶猛或忘我，光顾着吃奶"忙"地连头都不抬一下。

三是牛犊一经吃饱了，自然会对饲养员报以满足加温顺的姿态，特别满足了有时还会有嗅嗅拱拱的亲昵行为，这是吃饱喝足后的标准状态流露，憨憨牛犊的可爱可人之处在此刻间流露无遗。

关于牛犊饱与不饱的行为判断，上述这简单的三个巧妙"笨"法子还是比较准确的。

3. 一头代乳"牛妈妈"能哺乳几头无奶可吃的牛犊？

肉牛养殖场里出现代乳"牛妈妈"的身影并不稀罕，代乳"牛妈妈"目前有两种意义上的形式：一是经产母牛生产牛犊后，由于这样或那样不尽人意的诸多原因，确实没有及时分泌足量的乳汁来哺乳牛犊；二是经产母牛有充足的乳汁用来哺乳牛犊，但鉴于牛场内不断有母牛生产、不断添加新生牛犊的落地，若从肉牛养殖纯粹的经济层面上来讲，一头经产母牛哺乳一头亲产牛犊，此时的经济账就不是那么的合算和突出了。此时，养牛场多会选定一头母性非常好、乳汁特别多的母牛来哺乳多头牛犊的行为，养牛同行形象地称之为代乳"牛妈妈"或"牛犊奶妈"；其他的产后母牛多视母牛身体的不同情况而定，或经短期强制育肥后出栏销售或足料逐渐保膘后再进入下一轮

的繁育周期，继续为养牛场创造出更高更理想的经济价值。（见彩图11）

　　肉牛养殖场里应用母牛的这一代乳技术，使一头产奶丰富的理想母牛摇身一变，顿时"变"成了多头牛犊的代乳"牛妈妈"，也就是真正意义上的"奶包"式高产"母亲"。代乳母牛可以同时哺乳2～3头或3～4头出生时间相近的牛犊，具体交由代乳母牛哺乳牛犊的方式有以下三种，下面一一列出、仅供养牛散户和养牛新手参考。

　　（1）牛犊自由哺乳法

　　可将代乳母牛与多头牛犊共同放入一处栏圈内，供多头牛犊自由的舔舐哺乳。这种方式省时省力，被绝大多数的养牛场乐于接受。

　　（2）牛犊分开哺乳法

　　为了让代乳母牛有更充足的休息时间，利于分泌更多的乳汁供牛犊舔舐，目前也有不少养牛同行采取牛犊与母牛分开的喂养方式，在多头牛犊相继哺乳结束后不久，即将牛犊与代乳母牛再行分开的哺乳方法。

　　这种分开哺乳的方式固然很好，但也由此衍生出一个明显的弊病，那就是母牛乳房里的乳汁被几头牛犊三下五除二便舔舐没了，待下次供牛犊舔舐时至少要经过一段时间，这段奶源重新生成汇集的时间长短，完全取决于养牛场投喂草料或饮水的质量及次数。新的乳汁若重新聚集充盈乳房后，倘若有事忘记或延误了放入牛犊按时哺乳，要慎防母牛乳房炎或肌体发热现象的出现。牛犊分开哺乳时一定要安排专人，视母牛乳房乳汁的饱满情况而适时放入牛犊尽快舔舐，以减轻"超载"乳汁对乳房和母牛身体造成的无形弊端和负担。

（3）牛犊轮流哺乳法

将多头牛犊进行逐一轮流哺乳的形式，即是轮流哺乳法。按时间"挨个"轮流对牛犊进行分批次的哺乳，可以有效杜绝"霸王"式牛犊类型的出现，此举可以保障每一头牛犊都能舔舐到足量的乳汁，这对牛犊断奶后的后续养殖十分有利。可凡事有一利必有一弊，这种喂养牛犊的方法固然很好，但需要饲养员有很好的责任心和认真负责的自觉自愿的态度。在精心管理牛犊，逐一放牛犊进入母牛圈舍舔舐乳汁的同时，可千万不能搞错了、弄混了、甚至是重复了，致使有的牛犊已经舔舐乳汁多次，可有的牛犊还没有被粗心的饲养员"叫上号排上班"，先不要说这样的错误已经出现了多次也没有察觉，就是有偶尔的一两次对牛犊也有不小的伤害，毕竟饥一顿饱一顿的意外情况，着实对牛犊发育尚未完善的肠胃有非常大的不良影响。

尽管代乳母牛哺乳牛犊的技术业已成熟完善，更是充分发挥出高产母牛泌乳量高的优越性，也将其突出的良好哺乳性能发挥到了极致，同时还相应降低了哺乳牛犊的喂养管理成本，人为减少了牛犊管护的人力和物力；但由于一头代乳母牛同时哺乳多头牛犊，易造成牛犊相互间一些传染性疾病的传播和扩散。因此，需要我们时刻做好代乳母牛和每一头牛犊的例行健康检查，杜绝牛犊间这些疾病的传染和传播，以免病害严重时危害到原本健康的代乳母牛。假设病害真的殃及到代乳母牛的话，养牛场就得在医治"现任"代乳母牛的同时，又得重新给哺乳中的多头牛犊另寻新的代乳母牛了。

鉴于此，一旦发现代乳母牛和牛犊之一微有异样时，千万不能怠慢不管或任由其无序发展，应仔细的给予观察和防治。病害发生严重时可采取"母子"同防同治的救治原理，力求将病害想法设法地尽快根除，让代乳母牛和牛犊健康生长。

4. 给体弱牛犊使用的"初乳灌服器"好用吗? 具体的灌喂技术应该怎样掌握?

初乳对牛犊的重要作用早已众所周知,养牛女人这里无需过多浪费笔墨。初生牛犊应当在出生后半小时内吃到足够量的初乳,才能充分发挥初乳对牛犊的重要作用。因此,如何使牛犊在最短的时间内吃到足够量的初乳,才是牛犊养殖过程中的重点所在;尤其是在初生牛犊体型小、重重轻、身体弱的情况下,应该尽快让其吃上来自母体的恒温初乳,有效提高牛犊后续养殖中的良好存活率。

鉴于目前初生牛犊身体普遍柔弱体小、存活率较低的不争事实,有条件的养牛同行不妨直接购买牛犊"初乳灌服器"。这种体积小,便于携带的灌服器通过很多养牛同行的使用,都觉着效果的确不错。现就牛犊"初乳灌服器"的使用方法和灌喂技术做下简单说明,以便对此了解欠缺的养牛散户和养牛新手了解更多。

(1) 牛犊"初乳灌服器"的构造,这里稍微做下初步的介绍

"初乳灌服器"看似简单,实则较为实用。它总体是由四部分构成,即金属胃导管、初乳瓶、硅胶管和流量控制阀。

1) 金属胃导管 前端粗于管身,钝圆光滑,用于直接插入体弱牛犊的食道沟内,以利牛犊顺利接受初乳。

2) 初乳瓶 原厂出品的初乳瓶均带有准确的刻度,用于盛装初乳用。倘若不小心弄坏或使用坏了,可自己用2.5升的可乐瓶子来代替,模仿式的替代品不仅省钱而且照样很好用。

3) 硅胶管 管子的长度约1米,管子的口径1厘米,用于连接金属胃导管,远端有一接口与初乳瓶连接,用于缓缓输送母牛的初乳。

4）流量控制阀　在硅胶管子近初乳瓶那端，用于控制初乳的流量和流速，防止或避免牛犊因量大量急而被无端的呛着或噎着。

（2）每次使用"初乳灌服器"有讲究，用完后要立即清洗并晒干

1）"初乳灌服器"的用法　用控制阀卡住硅胶管子后，将加温至38～40℃的母牛初乳装入初乳瓶内；将金属胃导管缓缓插入牛犊的食管沟。一旦人工把管子插入后，需用右手（左撇子的反之）轻轻地往回轻送和回抽几次胃导管，同时用左手手指握在牛犊的脖颈下方，即食道沟处、轻轻触摸金属胃导管的管子端头，以确保金属胃导管在其食道沟内。待确定无误后，方可将控制阀缓慢的适度打开，使初乳徐徐灌入牛犊的真胃，避免灌入其肺中呛着或呛死牛犊。

"初乳灌服器"一经用完后，要立即用热温水清洗干净并晒干，不能留有丝毫多余的水分在里面，以防止残留的水分时间久了发生变质和串味儿。每次使用前要再次仔细清洗并彻底消毒，这样对牛犊的健康有利。

2）灌喂后不要立即搬移牛犊　采用"初乳灌服器"灌喂牛犊初乳时，一般灌喂时间要在10分钟左右完成。体弱牛犊或经过人工助产的难产牛犊，第一次灌喂初乳时的反应多很微弱，饮用量也很小。此时，应在短时间内有耐心的多灌喂几次，以保证给弱势牛犊灌喂足够的初乳量。牛犊的灌喂工作完成后，要保持牛犊原地不动的姿态，好让其就地消化或休息。

如果灌喂后立即搬移牛犊，特别是人工采用肩背法、倒拖法或倒抬法等多种能把牛犊搬走的法子，均有可能使其真胃中的初乳回流到进气管而呛死或憋死牛犊，或将其真胃撑破而死。因此，灌喂之前，应事先把牛犊放在室内温度25～28℃的

地方，有良好的通风、自然的光照条件，或其他冬季保暖（夏天保持凉爽）和适宜消化的环境条件下，这样对牛犊食后的就地休息和消化有极大帮助。

3）灌喂成功后，后期的方式有讲究　采用"初乳灌服器"灌喂牛犊后，发现第一次使用机器灌喂成功后，之后的每次灌喂要先采用常规方法，即引导牛犊使用专用奶瓶灌喂的方式，这样为牛犊日后的自行吸吮打下坚实基础。倘若发现牛犊对奶瓶没有自行吸吮的情况下，应再次换用"初乳灌服器"；机器灌喂成功后要再行试用专用奶瓶，就这样如此反复多次后，直到牛犊能完全脱离机器的灌喂，顺利使用奶瓶灌喂为止。

（3）灌喂时间要适宜恰当，这样对牛犊后期生长有利

上面已经说过，初生牛犊最好在出生半小时内吃到足够量的初乳，最晚不要超过1～2小时。否则，牛犊的胃肠道则处于碱性环境中，有益菌的生长、繁殖和活动，便会因着有害菌类的抑制而陷于被动，胃肠道无法继续良性的生长和繁殖，致使牛犊患消化道疾病的发病几率大大增加，于牛犊的后期生长极为不利。所以，应尽快并足量的让初生牛犊吃上初乳。

（4）灌喂量灵活机动有比例，牛犊能自行吸吮应停灌

第一次灌喂初乳的"份量"书本上是这样说的：要按牛犊出生重量的十分之一来计算，例如牛犊出生重量为20千克左右时，则初次灌喂的初乳量为2千克左右；牛犊出生重量为30千克左右时，则灌喂的初乳量为3千克左右；当牛犊出生重于或大于40千克左右时，初次灌喂的初乳量仍为4千克左右，因4千克的灌喂量已经着实不少了，若一味加量的话，怕弱势初产牛犊的胃肠一下子接受不了这么多，反而有害无利。

牛犊的养殖现实中，为了保险和牛犊的安全起见，我们多"弃"书本上的灌喂量于不顾，而是在实际操作中本着"少

喂多次，日日增加，循序渐进，因牛而宜"的灌喂方式。就怕初次灌喂的量大了，一下子撑着胃肠还不算十分稳定健全的牛犊；我们还有一种计算方法也颇为灵活机动的灌喂法，即24小时之内，需要灌喂牛犊4～5千克的初乳总量；以后每天灌喂3～5次，每次的灌喂量依旧是不能超过牛犊自身体重的10%左右。这期间至于要连续灌喂多少天或者是多少次，应视牛犊有无自行吸吮母牛乳汁的行为而定。关于弱势牛犊灌喂的这些重点，下面的章节还会再做详细的介绍。

对于第一天第一次使用"初乳灌服器"灌喂后，眼观确定牛犊能自行到母牛腹下吸吮母乳的，则不再需要灌服器灌喂，由牛犊自行自由的随时吸吮母乳即可，这是体小体弱牛犊给出我们最最欣慰的存活"信号"，这头曾经的弱小牛犊已经有"生"的希望了。

（5）对初乳有要求，牛犊最好吃上"亲妈"的奶

初生牛犊最好要吃上来自经产母牛的初乳，也就是"生养"自己"亲妈"的奶水。亲牛母子不仅血浓于水，且基因细胞或营养细胞基本一致，没有一丝一毫的排他性。牛犊出生半小时内若能按时吃上来自"亲妈"体内营养丰富的初乳，对牛犊的健康或日后恢复十分有利；如果"母牛妈妈"有意外死亡、乳房炎、重大疾病或其他的多种原因，致使无法提供与初产牛犊所需营养达到完全一致时，则按养牛营养学上的要求、及时让牛犊吃上精制的纯品冻乳。

（6）冻乳取自经产母牛的初乳，灌喂时不能反复冻融

精制的纯品冻乳是取自经产母牛生产公牛犊时的初乳。公牛犊由于一出生时就较母牛犊个头大，且体魄健壮、生猛有力，养牛场有时为了收集初乳，以备不时之需的意外"奶荒"，有时则不需要给公牛犊吃初乳，而是采用把公牛犊推至或引至

其他泌乳母牛的肚腹下，让"代乳妈妈"来哺育身体健壮、虎虎有型的公犊牛。

　　收集好经产母牛的宝贵初乳，应室温冷却至自然凉，然后放入冰柜或冰箱的冷冻室内进行冷冻。解冻时，将盛放冻乳的容器放入约50℃的水盆或锅中进行解冻。灌喂时初乳的温度应在35～38℃，有一点需要特别引起注意，那就是冻乳不能反复的冷冻或解冻，如果这样，无形中冻乳的营养成分会随之降低，多次利用不尽、严重时甚至会腐败变质，牛犊一旦食后容易引起腹胀、腹疼、腹泻、拉痢或肠炎。（见彩图12）

　　（7）"初乳灌服器"的效果明显，极大提高了弱势牛犊的生存几率

　　采用上述方法给弱势牛犊灌喂初乳后，眼观原本体质较差的牛犊从出生到15日龄的体重、体高和体长，分别有了较为明显的对比。有细心的同行测定了其中一头体质较弱的初生牛犊，它出生时的数据分别为体重30千克、体高71厘米、体长79厘米，经过大约15天的"初乳灌服器"和奶桶两种方法的灌喂后，这三个数据分别发生了明显变化，即体重为35千克、体高75.4厘米、体长80.6厘米，其中体长表现不明显，体重和体高则有了明显上升。灌喂成功后的这些体小体弱牛犊，之后没有发生任何免疫方面的疾病，也没有出现死亡的现象。

　　给个别初生牛犊灌喂初乳的目的，就是为了更好的提升弱势牛犊自身综合的免疫抗病能力，在降低或减少养殖成本的同时，也变相提高了肉牛养殖后的利润。通过对体弱或其他原因不理想牛犊的及时灌喂初乳，极大的增强了牛犊的自身体质，从而获得了健康优良的牛犊。另外，牛犊群间的个体差异降低了，参差不齐的不良现象改善了，对于大群牛犊的集约化养殖，减少因个体差异而带来的喂养不均匀，管理不统一、投

料配比不一致等的弊病，省心省事的同时又直接提高了养牛效率。

若想养好肉牛，就让我们先从体弱牛犊悉心又仔细的人工灌喂开始吧。

5. 怎样较为安全稳妥的给牛犊断奶？

（1）给牛犊断奶前的先决条件要成熟，这样断奶后的牛犊才会更安全

目前多数的肉用牛犊一般在出生后的3～4月龄时断奶，极个别的弱势牛犊应延缓至5～6月龄。在选用代乳母牛或人工哺乳弱势牛犊的情况下，牛犊从出生到断奶的时间可以说是灵活选择，最好不要盲目的一概而论。一般当牛犊能自行进食1～1.5千克以上的配方草料、或全价牛犊精料补充料时，便可以放心大胆的给牛犊断奶了。

牛犊断奶的技术细节相当关键，断奶成功与否直接关系到牛犊后续喂养的成败。牛犊断奶宜在春季和秋季比较安全，夏冬季节易引发牛犊消化道感染，天冷着凉后会引起腹泻。牛犊断奶需要循序渐进，好让牛犊有个慢慢适应的过程。

（2）根据牛犊不同的喂养方式，可采用不同的断奶方法

1）对直接跟随经产母牛哺乳的牛犊断奶时，在准备给牛犊断奶前的7～10天，首先对哺乳母牛逐渐减少精料或精料补充料的投喂量，直至最后完全停喂精料补充料，这期间只喂给青干草或青储玉米秸秆等的粗饲料，人工控制着使母牛的产奶量在逐步减少。然后，将母牛和牛犊分离开来，放到各自适应的肉牛圈舍内喂养。

2）在牛犊以鲜奶为主食的喂养过程中，所喂鲜奶的质量必须要有可靠的保证，奶中绝对不能含有奶块、凝固物和污物。牛犊的喂养期间最好取用牛场内的自产鲜奶，倘若去外面牛场

购买鲜奶的话，一定要求是当日现挤得的鲜奶，最好是不掺水分的原汁鲜奶，不能贪图便宜而购买掺水量过多的"水分奶"。喂食鲜奶后要勤观察牛犊是否有异常的状态和反应，尤其是早上喂食后注意观察的数据最为准确。

对人工哺乳牛犊的断奶，主要也是逐渐减少供奶的投喂量，同时增加草料和精料补充料，使牛犊稳妥又自然的安全过渡。

我们在给牛犊断奶的操作方法是：一般利用一周的时间断掉其奶量的40%～50%，中间需要在奶中适当掺入一定量的水，以此逐渐减少牛犊对鲜奶的依赖程度。人工采用逐渐断奶的方法，一定不能过于急躁，其过程需要10～15天。

另外，喂养牛犊的圈舍一定要向阳通风，提倡断奶后的牛犊要单独喂养，以防牛体大小悬殊过于明显，大牛在舔舐牛犊的嬉闹中易发狂踢咬、而无辜造成不必要的伤害。

6. 牛犊早期断奶技术还有其他明显的优势吗？

养牛场牛犊的早期断奶技术，目前主要应用在牛犊生长发育的早期，断奶前人工要及时诱导牛犊由母乳化的营养，逐步转向进食多样化的营养配方草料，特别是重点诱导牛犊进食含纤维较低的粗饲料和简单的谷物混合料，此转变可一步步地逐渐锻炼牛犊的瘤胃功能，促进牛犊自身瘤胃功能的进一步发育或完善，加快牛犊瘤胃功能向成年肉牛瘤胃的理想生理状态顺利过度。经综合比对后，一般在眼观牛犊日进食草料（牛犊专用）达到1～1.5千克以上，即可断定到了牛犊早期断奶的安全时间，此时便可人为地、果断地给牛犊断奶了。

肉用牛犊早期断奶的技术目前已是十分成熟，由原来肉用牛犊跟随经产母牛哺乳或人工喂养鲜奶的时间，由以前的5～6个月缩短到现在的45天至2个月。牛犊哺乳期的长短和哺乳量因着早期断奶技术的应用和实施，在充分降低牛犊养殖的成本同时，更是极大的提高了母牛和牛犊的经济价值。具体的优势更是体现在以下。

早期断奶的牛犊不仅能降低母牛乳汁的营养消耗量，还能明显降低牛犊哺乳期的喂养成本。在提高牛犊生长发育速度的同时，还可提高再繁母牛的繁殖率，实现早配种、缩短再度产犊的间隔时间。肉牛本身就是生产周期较长的家养牲畜，已知母牛的妊娠期平均为285天左右，也有妊娠期在260～290天的。初产母牛的初配牛龄为1.5～2岁，2.5～3岁才可以第一次繁殖牛犊，无形中造成了肉牛生产再繁能力的"三低"，即生产性能低、经济效益低和繁殖率低。而上述通过对牛犊应用早期断奶的成熟实用技术，可以明显提高初配母牛或再繁母牛的繁殖效率，从而促使肉牛养殖的效益大幅度提高。

第二节　牛犊的喂养技术浅谈

1. 牛犊断奶前后的喂养中，有哪几点事项需要特别的加以注意？

随着哺乳牛犊日龄增加和生长发育的需要，其所需要的营养物质量也在不断的快速增加，而多数经产母牛产后2～3个月其产奶量日趋减少，单纯靠哺乳获得的营养成分已不能满足牛犊的消耗需要。尽早训练牛犊进食混合配比的草料非常有必要，而牛犊补充精料不仅能满足牛犊日益突出的营养需求，而且可以更好的促进牛犊瘤胃的完善和发育，全面提高牛犊的消化能力。

（1）勿在牛犊饮用的鲜奶中加入精饲料

杜绝在牛犊饮用的鲜奶中加入精饲料，如豆粉、玉米面、面粉及其他米面；也不要将饮水加入鲜奶中，一定要在牛犊进食完鲜奶后30分钟至1小时，再单独给予牛犊充分的饮水一次，牛犊饮用水的水温宜在20～40℃。夏季尽可能多供应几次饮水，此季若牛犊的饮水出现明显不足的话，容易引发牛犊的一次性饮水过量，即出现"水中毒"的现象，此症状严重时可致使牛犊发生溶血症状，造成尿血的重症现象发生，于牛犊的生命不利。

（2）诱导牛犊的补饲方法应先从粗饲料开始

在牛犊出生后5～8天，可开始诱导其进食一定量的补饲麦麸，即麸皮。如果发现牛犊不是十分的乐意进食，可人为将麦麸抹在牛犊嘴巴的四周，如此经1～3天的反复多次诱导后，即可发现牛犊已经适应并慢慢地自行进食了，且发现牛犊倒也咀嚼地有滋有味，还似有吃不够的感觉。此时可趁热打铁，再逐步添加一些切碎的胡萝卜、南瓜、土豆和食品厂果蔬的下脚料，如地瓜、果核、甜菜等多汁粗饲料；15～30日龄的牛犊肠胃已经较为安全了，可少量投给一些短点的青干草，不要急于投喂给鲜稻草或多种植物的秧蔓，尤其是那种没有用铡刀铡段或铡碎的长稻草及秧蔓。待30～45日龄以后时，可在牛犊进食的粗饲草中，少量而又逐步的添加新鲜优质的青储秸秆粗饲料。

（3）牛犊精饲料的配制需要灵活机动、因地制宜

牛犊精饲料的配比可以适当结合当地饲料资源的具体情况，酌情参照肉用牛犊养殖的营养标准，精心配制出适口性好、营养丰富的牛犊专用精饲料。这里介绍2个牛犊专用混合精饲料的小配方，仅供养牛散户和养牛新手参考。

1）牛犊专用精饲料配方一　玉米47%、麦麸20%、豆饼18%、高粱10%、磷酸钙2.0%、骨粉1.0%、碳酸氢钠1.0%、氯化

钠1.0%。

牛犊专用的配合精饲料，可投入食槽内供其自由舔舐，但每天的进食量一般不要超过1～1.5千克，也可根据牛犊实际个体的大小来适当的灵活掌握，切莫采取"一根筋或一刀切"的投喂方式。

2）牛犊专用精饲料配方二　玉米50%、豆饼30%、麦麸11%、酵母粉5%、碳酸钙1%、食盐1%、磷酸氢钙1%、肉牛用微量元素0.5%、维生素添加剂0.5%。

（4）牛犊养殖圈舍的温度要冬暖夏凉，人为给其创造出好的生存环境

牛犊圈舍的适宜温度应在10～25℃，有条件者可维持在18～25℃。冬季为了保暖可蒙罩透光性能较好的无滴塑料薄膜，即无滴膜；夏季在树荫下、墙根和屋角等的通风处，牛犊脚下的垫草不宜使用较长的稻草或废弃的草苫子，土就是既省钱又安全的好垫料。牛犊圈舍及运动场地要注意清洁卫生，夏季应做好灭蝇灭蚊工作，以达到预防和杜绝疾病传播的目的。牛犊的喂养场地内要避免玻璃碴子、砖头瓦块、废铁杈子、铁丝断头、钢钉、锹、镐等的尖锐器物，以及布条、绳头、破损的编织袋、塑料袋、塑料布及塑料薄膜等，以免对顽皮有加的牛犊身体造成不必要的伤害和病害。

牛犊日常的喂养管理过程中，需要适时给牛犊接种预防传染病的疫苗，按届时情况接种相对应的疫苗，如口蹄疫、巴士杆菌、魏氏梭菌、乙型脑炎等，以此保障牛犊的喂养成功，为日后育肥优质肉牛打好基础。

2. 科学合理喂养牛犊的主要技术有哪些?

牛犊是肉牛养殖场内不可忽视的"新生代"力量，在全面掌握牛犊生长发育规律的大致基础上，采取科学合理的管理措

施和灵活机动方法下的喂养技术，是正确培育和保证优质健康牛犊的重要举措，养牛女人下面再专门谈谈这个话题。

（1）对牛犊及时称重，以便准确了解其生长发育情况

牛犊一经落地并顺利成活后，应对每头牛犊进行登记编号和准确称重，藉此建立起牛犊详细完整的喂养档案，可帮我们及时了解牛犊的初生重量、1月龄、2月龄、3月龄直至6月龄、不同时期的不同准确体重，从而利于我们更好的掌握牛犊生长发育的综合情况，并根据这些情况来采取相应的、不同的喂养方式和与之相对应的具体措施，好人为给予牛犊最理想的生长和生存空间。

（2）地方杂交品种的后代牛犊，最好人工早期去犄角

地方杂交品种由于杂交系谱的品种不纯，多属于低级代的杂交一代和杂交二代。由低级代母牛繁育的牛犊多有牛犄角。为了使牛犊利于更好的安全管理，也更为了有效防止牛犊成年后在牛群中顶牛顶架，相互间造成伤伤、伤人和母牛流产等牛场意外伤害事故的频发，故建议在牛犊出生后的1～3周龄内应适时进行人工去犄角的工作。

牛犊去犄角的办法特别简单，即用通电发热后的电烙铁，在牛犊犄角的萌出或长出部分周围硬硬的角质处反复烙烫，最后重点在牛犊犄角的中心部位重复烙烫，直到将牛犊刚刚露出的尖尖犄角彻底烧掉为止。（见彩图13）

烙烫牛犊犄角的工作开始前，首先需要先将牛犊牵入固定架内充分固定好，尔后才可以开始具体的烙烫工作。期间操作人员一定要注意安全和烙烫时的手法，勿将牛犊犄角以外的头部皮肤烫伤。一旦出现牛犊烫烙伤的不幸和意外，应将牛犊的犄角去除后再行局部的烫伤处理，以免牛犊再受二次赶栏固定或烙烫时的惊吓，对牛犊的健康十分不利。

地方杂交品种的低级代能繁母牛生育的后代牛犊，长大后应继续提纯配种或人工受精，在做高级代的多次提纯杂交后，方能留作养牛场内的再繁母牛，否则应作商品肉牛及时出栏处理，不要留有这样的低级代牛犊等其长大、或继续留种选做能繁再育母牛的主要"后备军"。

（3）牛犊不仅要分栏管理，还要保持圈舍内外卫生的保洁度

哺乳期的牛犊最好单圈舍或单栏舍喂养，避免众多牛犊圈养集中在一起。这种群式散养牛犊的情况下，极容易形成牛犊与多头牛犊之间的相互舔癖，形成舔癖症，有碍牛犊自身的身体健康。即使在经产母牛代乳多头牛犊时，发现牛犊有舔癖行为时要人为予以驱散、尽量避免牛犊舔癖症状的形成。

牛犊圈舍的卫生管理很重要，牛犊的养殖环境一定要干净卫生，整洁无恶臭味，要安排专人每日打扫1～2次；打扫完毕后及时补充新的干燥垫土或垫料，勤于观察牛犊的料槽、水槽和奶桶等用具的清洁与卫生，人为给牛犊创造出一处清静又干净的喂养环境。

（4）保证牛犊应有的运动，适量接受阳光照晒，促进牛犊的正常与健康

完善的管理加适当有度的运动，对锻炼牛犊的筋骨和肢蹄相当重要，即便牛犊稍稍大些了，已经栓系进了圈舍实行集中喂养时，最好要在栓系的初期让牛犊每天自由运动1～2小时。牛犊的这种运动当然是圈舍以外的户外露天运动，因牛犊在户外运动能很好的接受阳光照射，促使牛犊皮肤中的胆固醇转变为维生素D，从而促进钙、磷等的的吸收和沉积，从而最大限度的保证牛犊拥有健康的体质和体魄。

3. 冬季出生的牛犊需要垫多厚的垫草，才能有效化解冷应激？

牛犊的出生可是一年四季随时都会有的，春夏秋季节出生的牛犊由于温度自然适宜的缘故，故牛犊自然的成活率颇高，而出生在寒冷冬季的牛犊可就得特别引起注意了。因刚刚出生的牛犊体小体弱，加之外界温度低的主要原因十分容易让牛犊产生冷应激。冬季当冷应激发生在初生牛犊身上时，牛犊便会消耗自身体内的脂肪储备、和其他营养物质共同来用于维持体温，而不是将这些营养物质用于快速生长和维持正常的免疫系统。当外界温度仅在10℃左右时，初生牛犊就会产生冷应激；出生1月龄的牛犊，则会在温度下降到0℃左右时会产生冷应激。

冬季出生的牛犊冷应激该如何去有效破解呢？其实好多养牛同行都知道破解的办法特别简单，因柔软的垫草便是让牛犊减少体温损失的一个潜在的有效途径。如果人工给予牛犊准备的垫草足够多足够厚，牛犊就完全可以"筑巢"而将身体舒舒服服地趴卧在垫草上，垫草自然会在牛犊的身体周围形成一个温暖的热绝缘带，即老百姓所说的草渣窝子、草褥子或草垫子。

威斯康辛大学兽医学院的研究发现，人为给牛犊垫草"筑巢"不仅可以很好的给其保温，而且随着牛犊"筑巢"陷入深度的提高，牛犊患圈舍内呼吸道疾病的传播也会随之减少。研究认定这可能是由于垫草温暖时，牛犊能利用完美的体内脂肪和其他营养物质来共同维持免疫系统，共同协作用于抵抗疾病，而非仅是用于维持自身体温的。那么，究竟需要给初生牛犊垫多厚的垫草才足够厚而且正合适呢？在低温的冬天，即11月份到来年的4月份，牛犊的"筑巢"深度应达到躺下时一般看不到牛腿，这才足以维持其适宜的体温和减少呼吸道疾病的传播机会，彻底"干掉"冷应激的。

现市面上出售的干燥牛犊马甲也能很好地帮助其维持体温、减少疾病，实践中发现有顶同或替代垫草的作用，购买后使用起来亦是十分方便。特别寒冷的冬季，初生牛犊若在垫草和干燥牛犊马甲的共同作用下，冷应激的现象便一下子化解了。其次，北方寒冷的冬季，最好不要过早的栓系牛犊，应最大限度的让牛犊能够自由活动，尽情的接受太阳光的照晒，此举对牛犊的顺利越冬意义重大。

第三节 牛犊的病害防治技术浅谈

1. 初产牛犊死亡的具体原因有哪些？

（1）因难产引起的初次牛犊死亡，养殖中乃是防不胜防

因母牛自身的分娩困难或人工助产不当的原因，均会造成初产牛犊的某些疾病，如牛犊不慎吸入羊水后造成的窒息性假死现象或异物性肺炎等的症状。人工助产中的粗鲁动作也会造成初产牛犊的肢体拉伤、关节脱臼等意外伤害。造成这些情况的主要原因是：接产助产人员的责任心差，技术手段不过关，拖拽手法不到位，或该牛场最近人员调整的比较频繁，由没有经验的新手或兼职人员接产牛犊，或饲养员对临产母牛分娩情况观察的不及时，最终造成临产母牛的羊水破裂，严重时以致产出早已死亡多时的牛犊。

（2）因护理不当造成牛犊死亡的现象，养殖中也是十分多见

初产牛犊出生后，由于护理不当或护理迟后的直接原因，均容易发生多种疾病，如感冒、肺炎、便秘、腹泻、脐炎、脐尿管瘘和关节扭伤、擦碰伤等，这些疾病也极易造成抵抗能力低下牛犊的死亡。个别牛犊经治疗后即使没有死亡，但也

会留下后遗症而遭后期喂养中的被迫淘汰；因不负责任饲养员的护理不当或考虑不周，造成牛犊被冻死、卡死的现象也时有发生。

（3）因母牛产前喂养管理失败造成牛犊死亡，养殖中应加以妥善管理

怀孕后的母牛由于运动场小而缺乏应有的有益运动，加上喂养环境不良，饮水受到限制且没有完全供足；加之日粮配方比例不科学，草料配比缺少营养和能量等，也极易造成母牛难产或母牛产后身体出现虚弱症状。一旦产后母牛出现长时间的腹泻和腹疼，加之短时间内没有得到妥善对症的有效治疗，直接的后果就是极易导致牛犊死亡。

（4）老弱病残的老龄母牛由于身体的直接原因，易造成初产牛犊死亡

老弱病残的受孕母牛，早就应该归属淘汰出栏的商品肉牛之列。因其身体虚弱，牛龄已"高"、生产可繁性能早已大大减退，甚至已经丧失了生产繁殖的能力。有的老弱病残母牛，产前就发现乳房已经肿硬化脓，产后根本无优质奶水供牛犊吸吮。这些濒临淘汰的老年母牛意外受孕后，如果整个孕期的喂养管理跟不上的话，极易造成死胎、弱胎、不足月早产或错位难产等的诸多不良现象。如此糟糕状况的老龄母牛产下的牛犊，其质量可想而知，其自然健康的成活率注定不高。

（5）因喂养不当造成牛犊死亡，养殖中精心喂养是关键

牛犊如果吸吮母牛的乳水量不足或零星的开口料缺乏营养时，牛犊肯定不愿进食。如果长时间除母乳以外的、高性价比的营养草料供给不上，或草料比例搭配的不科学不合理，牛犊很容易发生营养不良的现象，导致该牛犊生长缓慢，体质较差，随之反应连锁到适应环境的能力差，综合抗病的能力弱，

随后牛犊的自主活动能力逐步丧失，最终导致牛犊的死亡更是必然的。另外，如果人工灌喂牛犊时不定时、不定量，灌喂牛奶的乳温忽高忽低或冬季没有适当的加温预热等，这些看似不起眼的小小细节，都有可能会引起牛犊的腹泻、肠痉挛、套叠等致命性的疾病；其次，养牛圈舍内环境长时间的脏、乱、差，牛犊进食的食槽和食具不卫生，剩余后的草料渣子清理的不干净，场地长时间没有严格消毒等不利因素，更容易致使牛犊患上大肠杆菌、球虫病等疾病。这些症状之一的不良因素，倘若继续延续或放任不改变时，均可引起体弱体瘦的牛犊加重病情，最终导致牛犊的不幸死亡。

（6）精心管理是获得牛犊高成活率的唯一途径，养殖中必须予以满足

青年肉牛和成年肉牛虽然无比的健壮、皮实耐饲养，但牛犊初出生时与之相比可真有天壤之别。初出生几小时乃至1～7天时，绝大多数的牛犊是比较理想的，也是比较安全的，但上述所说只是很少的一部分，这可能就是上苍对所有养牛人一种特殊的考验。

要想获得良好满意的青年肉牛延后至成年优质肉牛，就要先从"拯救"这些弱势牛犊的生命开始。唯有我们付出辛苦和精力，精心护理牛犊和牛犊赖以生存的经产母牛，这些看似"情况不妙"的牛犊还是极有可能会挽回生命的，除牛犊死胎和错位难产导致的死亡率无法挽回外，其他"命大"牛犊还是有可能被我等养牛人治愈好许多的，这就是肉牛养殖业千转百回的折腾中，又会让人"着迷"的迷人之处吧！理由很简单，牛犊被真的救活了，我等的"脸"也大了许多，其实这才是肉牛养殖的魅力所在。

牛犊养殖的现实中，只要我们尽心了，也最大限度的努力

了，可怜的牛犊却终究没有活过来；有时阿Q精神胜利法，多少会起些作用，那就是"鼓励"我们可以忽略不计的。说归说、做归做，前提是我等养牛同行必须找出个中失败的原因，一切从源头抓起，争取日后牛犊有较高的成活率。

2. 养殖中怎样正确应对牛犊的腹泻问题?

书上这样说：出生至6月龄的小牛叫做牛犊。牛犊养育的好坏直接关系到肉牛养殖的成败及利润的多少；而牛犊腹泻目前就是一个颇为棘手，或令养牛同行们特别头疼的现实问题，下面谈谈牛犊腹泻具体的应对和喂养中的预防措施。

（1）牛犊腹泻的原因，主要有3个方面

目前来看，由于母牛运输前后和流通方面的诸多不明原因，致使牛犊出生后综合的抗病害能力差，容易得病，不好养育，尤其是出生在夏冬季节的牛犊更是发病较多，死亡率较高，严重者可达40%～50%，技术欠佳的养牛新手此比例可能还会稍有上升。当前已知危害牛犊生命的病害主要是消化道方面的疾病，如肠胃炎、腹泻等症。分析其原因主要有以下3个方面。

1）先天因素　个别母牛身体严重缺乏各种维生素，如长期喂给怀孕期和哺乳期母牛的干秸秆和棉籽饼较多；而投喂给母牛的鲜青粗饲料，如青草、青储玉米秸秆、其他青储饲料和胡萝卜却较少。

如此长期下去，由于母牛先天营养物质的缺乏，直接导致牛犊出生后的体弱多病，重时出现死亡现象也就在所难免了。

2）后天因素　初生牛犊在两个小时内没有及时吃上足量的初乳，或24小时左右都没有吃上营养丰富的宝贵初乳。

后天因素说白了就是人为的因素，人自己是知道要按时吃饭的，那牛犊呢？牛犊出生都24个小时了，一直都吃不上初乳，人又不"帮"上一把，那小牛犊不死才怪呢！

3）综合因素　牛犊出生后，由于各个方面的喂养及管理不善的诸多原因，加之消化道感染病原体所致。

综合因素导致牛犊死亡的原因就多了去，但绝大多数还是由人为造成的。小的"玩意"都难伺候，这是大家都懂的理儿。懂很简单，关键是去做，做好可就不简单了。这里不在详细累述，因上面已经介绍的很详细了，余下的恐怕就是人的问题。

（2）预防牛犊腹泻，要从以下三个方面入手

1）给母牛加强营养　对怀孕期和哺乳期的母牛，必须增加青粗饲料的投喂量，如适当增加苜蓿草、燕麦草、各种青储秸秆饲料、青绿草、胡萝卜和果蔬渣等，适时减少干玉米秸和棉籽饼的投喂量，禁止给母牛投喂已经发霉变质的酸败草料。只有母牛的身体强壮了，出生后的牛犊身体自然也就壮实了。

2）初乳是初生牛犊的强心剂　牛犊出生后，最好要在出生后的1～2小时内让牛犊吃上来自母体的初乳。牛犊进食初乳的时间不怕早，反而是越早越好。对于不能自行站在母牛肚腹下吸吮初乳的牛犊，要投喂或灌喂的初乳量为1～2千克，也可根据牛犊的大小个头来适量增减。初乳是个宝，更是初生牛犊的"保命汤"。

3）养育牛犊有讲究　初生牛犊"落地"儿后，待母牛舔干牛犊身上的黏液后，一定要及时引导牛犊尽快的自行吸吮。对于不能自行进食母乳的牛犊，要尽快给牛犊予以人工灌喂的方法。牛犊的灌喂或灌喂量要掌握好"三定"原则，即定时、定温和定量。

一是定时：牛犊的实际养殖中，我们多采用"四三"喂养法。

　　"四"即每天投喂或灌喂牛犊不少于4次，时间分别是早晨7点，中午12点，下午5点，晚上10点各投喂或灌喂一次；

　　"三"即每日投喂或灌喂牛犊3次，具体的时间是早晨7～8点，下午2～3点，晚上9～10点，只是每日3次投喂或灌喂的量要稍稍大于4次的初乳量。

　　二是定温：最好使初乳的温度保持在35～40℃，夏季可采用现挤现喂的方法；冬季则宜用热水将初乳温热至38～40℃，或直接煮开并放置到40℃左右，这样温度的初乳对牛犊的肠胃十分有利。

　　三是定量：对牛犊应本着宜少不宜多的投喂或灌喂原则，早晨1.5～2.25千克，下午1.5～2千克，晚上2～2.25千克，灌喂或投喂的初乳量要随着年龄的增长而适当增加，以维持在5～7.5千克为宜，最多不要超过10千克。

　　（3）发现牛犊腹泻，要及时给予对症药物

　　人工灌喂或牛犊自行吸吮母乳的期间，若牛犊不幸出现了恼人的腹泻症状，应及时选用泻痢停、痢特灵、新诺明等的应对药物，适宜又安全的用药量可掌握在用药许可的范围内，尽量不超出标准用药；眼观腹泻严重，出现脱水现象或牛犊日渐消瘦的，需要及时补充含营养性和功能性的液体予以改善，大剂量的补益液体可助牛犊顺利过渡。

第五章　肉牛养殖的一般技术浅谈

第一节　肉牛养殖的一般技术

1. 肉牛养殖的技术都一样吗？

国内现实情况下的肉牛养殖可谓五花八门，如八仙过海般各显神通，各有各的门路和招数，但万变不离其宗，各地根据本地区具体的情况多会采取因地制宜的路子。鉴于此，本篇养牛女人只是简单介绍肉牛养殖的一个固定框架，特别细化的问题后面会有专门详细介绍的。尽管肉牛养殖方法如万花筒样千变万化，可养牛的最终目的只有一个，那就是尽可能的降低饲料成本、稳步提高肉牛饲料的转换率、努力减少存栏肉牛喂养的日期、达到尽早出栏上市的目的。

2. 肉牛养殖的一般技术都有哪些要点？

下面先将肉牛养殖的一般技术要点，简单介绍一二。

（1）肉牛混合饲料的优化配比，养殖中应坚持以下四个基本原则

肉牛日日不能缺少的混合饲料配比十分重要，这个核心问题应重点掌握四条原则，才能将自己的肉牛养殖好和育肥好，争取好的肉牛卖出个好价钱。

1）肉牛混合饲料优化配比原则一　是根据肉牛体重的具体大小，确保营养需要及时配给到位，让所养肉牛正常而又健康的生长。（见彩图14）

2）肉牛混合饲料优化配比原则二　是要具体分析和确定所配混合饲料中的营养成分，清楚配方内含有营养物质的科学合理依据；其次要有优质青储玉米秸秆或青干草等的粗饲料做坚强后盾；精饲料或精料补充料除保证必须的营养外，还应多样化或有较好的适口性。另外，混合饲料中需含有较高的过瘤胃蛋白和高能量的组成配方，人为助肉牛快速而又匀称的健康生长。

3）肉牛混合饲料优化配比原则三　要符合肉牛的消化生理要求，勿投喂不利反刍和不好消化的岁末草料，过于精细的草料反而不利于肉牛的消化和反刍，若投喂过多或长时间投喂，还会致使肉牛出现胀肚和拉稀现象，此点希望引起养牛散户和养牛新手的注意。（见彩图15）

4）肉牛混合饲料优化配比原则四　要购进的饲料价格力求低廉，最后凭借自己的养殖经验，日渐优化混合饲料的合理配比，力争为下批或下下批肉牛的短期强制育肥打好基础、"把好"方向，在逐渐掌握养牛经验的同时又获得更大的利润空间。

（2）肉牛一般的养殖技术，水食是日常管理中的第一要务

目前，各地的养牛场采用的均是混合饲料的喂养方法，即每天早、晚各投喂一次，以便肉牛吃饱喝足后有充分的时间用来反刍和休息。其次，肉牛的饮水应供给充足及时，保证水质的洁净卫生。肉牛日常的喂养管理中，多是提倡先投料后饮水的喂养方式，取水没有深眼机井条件的养牛散户和养牛新手，给肉牛提供饮水时应密切注意水温的变化，确保冬季让所养的肉牛饮温水、夏季饮清凉的水，切勿本末倒置。

此外，平时储存的草料要妥善保管好，防止长毛或严重的霉烂变质。为充分改善所养肉牛总体的肉质，投喂的饲料中要适时添加酵母类菌体、蛋白饲料、维生素A、维生素E等，后面

的章节会有专门的详细介绍。

（3）肉牛一般的管理技术，无外乎如下的系列管理

肉牛养殖的管理中，要人为的控制好养牛圈舍内的温湿度，有条件的大型养牛场建议安装自动化的控温设备，冬季要保暖，夏季有空调；达不到此条件的养牛散户和养牛新手可以用塑料薄膜阻风保温，降低冬季圈舍内温度的流失。同时，要保持环境优美、卫生达标、圈舍干燥的养牛环境，养成由专人定期清理粪便、按时消毒、应季防疫的养牛制度，只有这样才能更好的利于肉牛的生长和健康。

另外，养殖数量较少的养牛散户和养牛新手，如果有时间有条件的话最好经常给所养肉牛擦刷身体，人为促进肉牛的血液循环和新陈代谢。夏季驱蚊灭蝇，让肉牛吃饱睡好，尽量控制肉牛的运动量，减少因天热或活动量过多而消耗肉牛不必要的能量。

为了让肉牛的品质更加出众、卖价更高，养牛散户和养牛新手在养牛时间相对宽松的情况下，可以有选择性的采用去势（阉割）育肥法，此举也是改善肉牛品质的有效方法之一。其缺点是肉牛喂养的时间会相应延长，这点务必要清醒的认识到、了解到，以便做出适合自己的肉牛育肥方式。

第二节　肉牛集中圈养的实用技术

1. 集中圈养肉牛时，每头约占用的养殖面积是多少？料槽的进食空间又是多少？

对于这个问题，养牛女人不能一概而论，主要看引进或喂养多大体重肉牛的具体情况而定，下面分别介绍：

（1）刚出生或不足2个月的小牛犊，根本不会占用养殖空间

刚刚出生落地或1个月大小的小牛犊，绝大多数情况下是不予栓系的，基本上以散养的方式为主，这样做的好处是利于小牛犊更好的自由活动，利于其更加健康的生存和生长。因此来说，出生几日或不足2个月的小牛犊，无需占用专门的喂养场地，它们多在"牛妈妈"的身体旁边或不远处趴窝，夜晚时分多趴卧在母牛视线内的地方，偶有找不到"牛妈妈"的个别顽皮小牛犊，更会在母牛的生生呼唤声中回到"牛妈妈"身边。小牛犊主要以吸吮母乳为主，顽皮时偶尔会去料槽小吃几口草料，但却不占用养殖面积和喂养空间。

（2）2～3个月的牛犊，养殖空间仍可以忽略不计

2～3个月的牛犊，眼观身形和体重虽已明显增大很多，但这时的牛犊们已经知道"玩"的乐趣了，有了顽皮撒野、尽情玩闹、嬉戏奔跑的动态可人行为。众牛犊间愈加浓烈的玩乐举动，使牛犊群居的集体意识明显增强，这个年龄段的牛犊们多喜欢三五一群的趴窝在养牛圈舍的空闲处，且牛犊们的趴窝地点也不是固定的。牛犊们个个都绝顶聪明，更是很会自己选择理想适宜的趴窝地方，如冬天时它们会选择在牛圈外面暖和被风的角落里，或趴或站，无拘无束的尽情享受着阳光的照晒；闷热的夏季，上半夜它们多会在牛圈外面的阴凉处趴窝休息，露天趴窝处一旦露水"起"的多了，这些牛犊们则陆续移到牛圈里过夜；雨季牛犊们多在牛圈的过道或出口内侧趴窝，因这里通风干燥、空气流通、不闷热。综上所述，这个年龄段牛犊们的养殖面积或占用料槽的进食空间，仍是可以忽略不计的。

（3）3～4个月的牛犊，已经开始陆续占用养殖空间了

这个时间段的牛犊，已经长成半大的牛犊了。此时它们

的体重多数已达到200～300千克，可以有选择性的把较为调皮的、能折腾的、或是体重达到270～300千克的半大牛犊栓系起来，这样利于集中喂养和育肥。不太顽皮的、或身形稍小的半大牛犊可继续散养，待达到270～275千克的体重时再栓系为好。这些半大牛犊的养殖面积需0.5～0.7米；料槽的进食空间约在0.5米。

（4）体重在300～450千克的青年肉牛，占用的养殖空间在1米左右

体重在300～450千克的肉牛，可以称作是健壮的青年肉牛了。此时它们已基本具有商品肉牛的体魄，占用的养殖面积在0.7～1米；料槽的进食空间在0.6～0.7米。

（5）450～600千克以上的临近出栏肉牛，占用的养殖空间都在1米以上

此时这些身形硕大、膘情丰厚、体重颇理想的临近出栏肉牛，多具有宰杀前商品肉牛的应有貌相。此时它们的进食量骤然加大，占用的养殖面积达到1～1.2米，特殊大体型的肉牛如650～900千克以上的，可占用1.3～1.6米的养殖面积，料槽的进食空间要达到0.75～0.8米，这样才能更大限度的满足少数大体型肉牛的趴窝空间和进食要求。（见彩图16）

2. 栓系养殖肉牛的好处主要体现在哪些方面？

（1）栓系养殖肉牛，可以杜绝"牛霸王"的出现

实践证明，栓系喂养肉牛的养殖方式，可有效杜绝"牛霸王"的出现。因肉牛群中也会细分不同社会等级的，地位较低的弱势肉牛或胆小肉牛，散养时可能无法在食槽边上进食到足够优质新鲜的上等草料，而采用圈舍栓系喂养的策略和方式，可人为有效地破坏牛群中固有的严格等级制度，杜绝"牛霸王"的出现和肆无忌惮的"横行霸道"，可以让每一头肉牛，每

天每顿都能进食到足够的上等优质饲料，便于日后的喂养和育肥，达到早日出栏上市的愿望。

（2）栓系养殖肉牛，可以更容易观察到肉牛的一切

散养时，肉牛多数情况下是处于动态的，有时饲养员用肉眼不好准确的观察到每一头肉牛的详细情况；而采用栓系圈舍喂养的情况则截然不同，可以很好的随时观察到每一头肉牛的详细情况，因肉牛是拴着的不能跑动，偶遇一些不太明显、可模样相同的肉牛时，因着每头肉牛都有固定的栓系地点，故不会弄错，便于更好的解决下一步短期育肥的问题。

（3）栓系养殖肉牛，可以更好的集中防疫和给药

因栓养肉牛的缰绳多不会太长，防疫和给药时只要稍微固定下，饲养员便可以很轻松的做到这一切，不必如散养时那样和"调皮牛"较劲；再者，给肉牛防疫和用药时，由于肉牛绝大多数处于不太折腾和不能大幅运动的情况下，给药后便于肉牛更好的吸收循环，保障药力没有丁点浪费，起到更完美的利用价值，这点目前已广泛得到养牛业界的公认和好评。

（4）栓系养殖肉牛，可以更好的减轻劳动强度，节省雇佣人员

栓养肉牛时，因没有了每日的牵进牵出，无形中便节省了很多时间和劳动力，便于饲养员有更多的精力和体力来完善对肉牛的精心喂养和管理。采用圈舍栓养法养殖肉牛，饲养员可以很轻松的独自喂养50～80头，个别体力好的可以达到100头。在劳动力日益紧张和薪金年年增长的情况下，适当减少雇佣人员，使其在时间宽松且不是超强作业的同时，是以往摆在每个养牛场老板面前较为头疼而且颇为难以解决的事；而采用这种栓系养牛方法，既可以减少饲养员的雇佣人数，又可以让饲养员处于不太忙碌劳累的满意环境下工作，使其更容易轻松胜

任。两全其美，何乐而不为呢！

（5）栓系养殖肉牛，可以让养牛全年更省心轻松

因栓养肉牛的圈舍多投资颇大，各项基础设施在建造之初便已基本考虑完善，使全年的养牛日常安排按照季节的不同按部就班，无需格外过多的操心和费事，终结了散养时天天有"忙不完事，日日有操不完心"的弊病，这就是规模养殖肉牛最大的好处和便利所在。

第三节　肉牛的育肥方法和相关技术

肉牛的持续育肥法是指牛犊断奶后，立即转入育肥阶段进行短期强制育肥的一种养殖技术，体重达到400～500千克或450～550千克时出栏上市。肉牛从断奶牛犊持续育肥开始，目前的养殖技术均十分成熟和可靠，养牛女人下面会一一浅述如下。

1. 肉牛持续育肥的宗旨和好处，目前国内都有哪些亮点值得一试？

我国的肉牛养殖业，目前多使用持续育肥肉牛的成熟养殖方法，这种育肥肉牛的方法和宗旨是：肉牛日粮中的精饲料可占到营养物质的50%～80%或以上，这是肉牛完成短期强制育肥过程中最有力的支撑点。

其次，肉牛持续育肥的最大好处是：由于肉牛在饲料利用率较高的生长阶段保持了较高的增重，加上持续育肥的喂养周期短，回报快，所以总的来说其育肥效率还是蛮高的，且上架销售后的牛肉产品营养丰富、味美滋补、鲜嫩可口、易于消化，成为人们日常生活中喜于接受的肉品之一。

2. 放牧加围栏的短期育肥方法，可以让牛犊的长势更好更理想吗？

我国幅员辽阔、地产物丰，一望无际的大草原和广袤的黑土地便是肉牛集中的繁育基地。在牧草条件普遍较好的广大牧区和农垦区，绝大多数的牛犊在适时断奶后，主要以放牧加围栏的群养方式为主，当地牧民和农场主会根据草场及牧草的具体情况，适当给牛犊补充精饲料或青干草，使其在15～18个月龄时，体重便可达到300～400千克或400～450千克。

牛犊跟随经产母牛哺乳的阶段，多数牛犊的日平均增重达到0.9～1千克。冬季出生的牛犊，因为天气特别寒冷的直接原因，其日增重仅保持在0.4～0.6千克；第二个夏季来临时，其日增重则迅速维持在0.9～1千克。在枯草期的冬季或早春晚秋季节里，应对杂交的品种牛犊每头每天补喂精饲料1～2千克，以补充日益见长牛犊的身体所需，这样才能让牛犊的长势更好更理想。

3. 圈养加放牧的喂养方法，可促使当年的秋季牛犊育肥更可靠更稳妥吗？

圈养加放牧的这种育肥方法适用于9～11月份出生的秋季牛犊，养牛业内则简称为"秋犊子"。多数秋犊哺乳期的日均增重在0.6～0.7千克，断奶时体重可达到70～75千克。

秋季牛犊断奶后主要以投喂粗饲料为主，为防严寒则进行冬季的圈舍喂养，让其自由进食青储秸秆粗饲料或青干草、牧草等，每头每天投喂的精饲料不要超过2千克，其平均日增体重达到0.9～1千克；到6月个龄时其体重则达到170～180千克。到第二年的3～5月份，再跟随大牛群一起进行放牧式的流动喂养。此时，要求牛犊的日平均增重数字需保持在0.8～0.9千克，到12个月龄时可达到320～350千克。

为了更好的对牛犊进行下一步的持续育肥，此时要选择空闲大的时间段适时将牛犊转入圈舍喂养，为的是更好的让其自由进食青储秸秆粗饲料、牧草或青干草。此段时间日均投喂的精饲料要达到2～5千克，日平均增重还是要保持0.9～1千克。这种集中喂养方法下的牛犊，待到养殖到15～18月龄时，其体重已经达到490～500千克的理想重量了。

4．圈舍封闭喂养条件下，牛犊更易完成短期式的强度育肥吗？

牛犊断奶后即可阶段性的适时进行眼观的等级挑选，此时要将应心、理想的能繁牛犊优中选优后，其余的便可进入持续性的育肥或短期强度育肥的养牛步骤了。

牛犊的喂养技术完全取决于育肥的强度和出栏上市时的具体月龄，短期育肥强度要求到12～15月龄出栏上市，这就要求必须依托有较高的喂养技术和相对应的管理水平，人为促使育肥牛犊的日平均增重，应当稳稳的维持在1～1.5千克或以上，这样出栏上市后牛肉的风味和口感营养和综合内含，才能达到上品牛肉乃至极品牛肉的要求，满足人们喜食鲜嫩牛肉的饮食要求和膳食风俗。

牛犊的育肥期间要充分考虑到当地或周边市场的走势及需求，其次还要考虑到自己养牛场的具体条件、育肥牛犊的具体品种、杂交牛犊的品级、喂养过程中所有的成本核算、强度育肥的周期及出栏上市的月龄等综合性的先决条件。只有综合上述所有的问题，才能拿出自己确定强度育肥肉牛的喂养计划和具体实施的打算。

如果确实已经把牛犊育肥的"谱"计划好了，准确"下手"短期强度育肥一批牛犊的话，也应该严格按照牛犊具体的生长和生理特点，来妥善实行阶段性的合理喂养，如可以将牛犊整个短期强度育肥的周期分成2～3个阶段，即生长规律阶段、发育规律阶段及营养需求特别阶段；然后再分别采取相应的喂养方法和妥善的管理措施，才能较好的完成牛犊短期强度育肥的养殖重点，尔后才能稳稳当当的获取较好的经济效益。

牛犊长势增重的快慢或获利回报效益的高低，确实与上述所有的一切行为铺垫是息息相关、密不可分的。

5. 牛犊目前的价格贵吗？

带犊母牛，被养牛女人和许多养牛同行亲切的称为养牛场里的"流动银行"。因现实中不管母牛"下"个小公犊还是生个小母犊，我眼里丁点没有"男尊女卑"的想法，加之现在肉用牛犊的市场行情非常好，只要牛犊落地，正常而健康的活下来，一律都价格不菲、非常金贵，好像这一天突然掉进自己口袋里一大把子钱似地，任你推都推不掉、不要都不行，只有矜持抿嘴笑纳的"份"儿，那是何等的满足、愉悦和幸福啊！

目前国内各大肉牛交易市场的"架子牛"更是一路走高，价钱老"贵"了，但凡看上眼的青年"架子牛"都高挺进了万元行列，有的早已超过一万多元，直奔一万零好几千元去了。买进的断奶"牛犊子们"那也是一路水涨船高的，有些让人吃不消的意味。我也曾发自内心的说，肉用牛犊的价钱太贵了，简直贵的有点不可思议，但这就是活生生的市场，就像人们常说的俗话那样：只有永久的市场，没有永久的价格。

在肉牛养殖行当中摸爬滚打了10多年，费劲很多周折、交付了无数次莫名其妙的高额"学费"后，好在我们还算属于"识时务"比较早的养牛人。我的养牛场有一条不成文的规矩：谁管理的养牛圈舍里，不管母牛何时"下"了牛犊，只要牛犊能够健康顺利的活下来，每头牛犊奖励现金一百元给直接负责的饲养员，实行牛犊保成活率的"承包"制度。这条保障牛犊高成活人性化的规章制度10多年来雷打不动。哪怕圈舍里一天之中接连"下"了许多个牛犊，饲养员没有一个喊累叫苦的，乐颠乐颠、尽心尽力的辛劳忙碌着，且所管辖牛犊的成活率极高。真是怀孕母牛生牛犊，母牛犊长大怀孕再生牛犊，牛场里的牛犊一茬一茬的可谓生生不息，总也生不到尽头。双赢加人性化的现金奖励保犊制度，我还会一如既往的继续发扬下去，变动的只会是奖励的金额越来越高，这点毋庸置疑，妥善的做法是完全加以肯定的，同时也更值得在养牛散户和养牛新手间广泛推广的。

我的养牛场里初生牛犊之所以成活率高，除母牛自身强壮的原因外，主要离不开科学合理的日粮配比，还离不开饲养员"一日两餐"的悉心照料。因他们知道且心中有数，带犊母牛不仅是我们的"流动银行"，更是他们取之不尽用之不竭的"小金库"。所以，他们多像照料自家的牛一样喂养我们的肉牛，尤其是带犊母牛他们尤为细心。我们高薪聘请的多个饲养员，个顶个都是喂牛多年的行家里手，不惑之年、家门口打工的他们都"明白"着呢，要想牛犊成活率高，到手的奖金多，就从"伺候"带犊的怀孕母牛开始。我欣喜有这么一群如父辈年龄般可以值得托付的饲养员们，我心足矣！

第四节　怀孕母牛的管理技术

1. 何谓带犊母牛？有怎样不同的解释？

带犊母牛是一组含有两层含义的词汇称谓，一是代表怀孕母牛的意思；二是特指生产牛犊后处于哺乳期的母牛。

带犊母牛民间还有"带犊"的说法，这里的"带"无形中就有了双重意味，意思虽已完全面目全非，却又时刻紧卡"带犊"的主题，不离不弃紧跟"母牛"二字。"带犊母牛"简简单单的四个字，代表了母牛怀孕期或哺乳期长达一年的简洁叙述，这就是典型的百姓智慧。

养牛女人自己对带犊母牛的理解就是：怀孕期的母牛或产完牛犊后继续哺乳的母牛，老百姓一律称为带犊母牛。如牛犊没出生尚在母牛肚子里，老百姓会说母牛"带着犊子"；待母牛繁殖生育完成后，牛犊不离母牛身边的左右，老百姓还会继续说母牛"带着犊子"。由此可见，老百姓是多么看重带犊母牛的，对带犊母牛的深厚感情这里可见一斑。因带犊母牛是健康、生育、繁衍、再生、财富和吉祥等的一系列代名词，就让憨厚的母牛，"圆"我们百姓淳朴的美好愿望吧！

2. 何谓"空怀母牛"？

"空怀母牛"就是生育完了牛犊后、还未再次孕育牛犊的母牛，我们简称为"空怀母牛"。特殊过渡时期的"空怀母牛"，虽多数膘情不理想、皮毛不顺滑，但它们却是养牛场里不可轻视的"后备军"或"再生资源库"。如果严格按照正常的投喂法来喂养"空怀母牛"，饲喂一段时间后发现仍有膘情尚差的母牛个体，此时就要对这样的母牛"另眼看待"，喂牛时间的中间阶段要人为的再增加一次投喂。除加大粗饲料的投喂量外，还要适当添补一些精料或精料补充料，以利于母牛膘情恢复、尽快发情、受配怀孕，再次正常孕育牛犊。

3. "空怀母牛"怎样饲养？

"空怀母牛"是母牛孕育过程中的一个特殊时期，每头母牛宜每天补饲1~2千克精料补充料，圈舍喂养时要先喂青草、干草或农作物秸秆，尔后再投喂精料或精料补充料。另外甜菜、胡萝卜、地瓜、土豆等块茎植物是"空怀母牛"四季补饲的较好营养饲料，只是投喂前必须先去除泥沙，待切成小碎块后再单独给母牛补饲，也可与精料或精料补充料充分拌匀后投喂。

养牛女人这里要说：肉牛养殖看似是一项简单的粗活，好像不是太讲究，丝毫与科学二字没有多大的关联，其实不然，这种想法都是"上不得厅堂和拿不上桌面"的固执和偏见。所养肉牛的整个过程中，唯有我们依靠科学来精心喂养，科学合理的去按需搭配饲料，肉牛才会长得舒坦精致、高大肥硕，才有可能出产高档次的精品肉牛，最后才会带给我们意料之中、"推都推不掉"的一个个惊喜和满意回报。

4. 如何给带犊母牛添补"营养餐"？

带犊母牛的饲料多以青粗饲料为主，有条件的尽量投喂些青干草或青绿牧草，尤其是应季多汁新鲜的青绿野草或牧草，这些带犊母牛均十分乐意接受。俗话说：马无夜草不肥。带犊母牛何尝不是如此。从母牛配种成功或人工授精的那日算起，就要真的像精心对待"孕妇"那样倍加呵护，尤其是到了母牛的怀孕后期，如果发现牛犊子"顶怀"了，也就是母牛的大肚子突出的更加明显了，此时就要给母牛单独另外开起"小灶"、添加营养餐，以期满足母牛"母子俩"营养的共同需要。

养牛女人这里单独先把精饲料和精料补充料的不同内涵简单说明一下，以便养牛散户和养牛新手更好的去配比应用。

（1）精饲料和精料补充料的由来及不同使用意义的内涵或组成成分

1）肉牛精饲料 精饲料即上好的粮食或粮食下脚料饲料，按肉牛不同所需的不同比例，有机的混合搭配在一起，简称肉牛的精饲料。

2）肉牛精料补充料 精料补充料则比较单纯，就是玉米或小麦的粉碎物，有时是二种或二种以上的粮食作物及其下脚料。目前，各地的养牛场和养牛散户多以玉米为主，简称为精料补充料。它是喂给特殊情况下肉牛一种很好的精饲料补充。肉牛精料补充料因其有鲜明的照顾对象、带有直接额外补充个别肉牛或某一群肉牛的目的，称其为精料补充料也就十分的恰当了，养牛同行多又戏称精料补充料为肉牛的"营养餐"。

3）精饲料是肉牛"每餐"必须投喂的，只是给予的重量不同而已；精料补充料虽说是肉牛生长离不开的"营养大餐"，但不需要天天喂给，只是偶在肉牛的一些特殊时期，如上面所说的怀孕母牛、产后母牛、空怀母牛、瘦弱肉牛、病残肉牛及一切认为可以必须特殊照顾的个别肉牛。精料补充料这种投喂方式不仅有明确的照顾对象，而且可以灵活机动的添加和临时简单的现配现用，是各个肉牛养殖场、养牛散户和养牛新手必备的精饲料之一。

（2）带犊母牛的精料添喂，以粪便中没有残余为佳

带犊母牛每每天需投喂给其体重在8%～10%的青草或牧草、体重0.8%～1%的农作物秸秆或干草、食盐40～50克；同时有条件者还可每天补充矿物质，也可每天投喂钙粉50～70克，槽内放置营养舔砖，保证水温适宜的充足饮水。另外，补喂的精料量要根据母牛大小、孕周日期、哺乳期膘情孬好等情况具体确定，灵活机动的来适当进行添减。

带犊母牛补喂的精料多少，应视每头带犊母牛的合理消耗而定。这里养牛女人和大家说一个笨法子，那就是甭管给带犊母牛添喂多少精料，应遵循前期少后期多的添喂原则，喂完后3～8小时要仔细观察母牛排出的落地粪便，适量的前提是以粪便中没有未消化彻底的精料粉渣为宜。如果带犊母牛粪便中星星点点的发现有精料的残余粉渣时，则说明给其添喂的精料有点多了，此时要适当给予减少，直至眼观到粪便中没有精料残余为最合适。如果发现带犊母牛排出带有块状物体、类似"奶

块子"的粪便时，说明精料添加的不是一星半点的多了，而是严重超标超量了，才会导致母牛因严重消化不良或消化受阻而排出此种罕见粪便。如遇这种特殊情况的粪便，其有效的解决方法竟也十分简单，那就是下次喂牛时不要再添加任何精料了，只是给予粗饲料和饮水即可；待观察母牛排出正常粪便后的12~24小时后，再逐渐一点一点的添加精料，这种谨慎细微的做法不会对带犊母牛造成二次伤害，以利母牛"母子"健康平安的恢复到正常状况。

（3）"营养餐"同样适合产后母牛，只是添喂的量要翻一翻

我的养牛场是这样给带犊母牛添喂"营养餐"的，首先从母牛怀孕第7~9个月到产犊，每头每天母牛要添喂1~2千克精料补充料。母牛产犊后至牛犊2~3月龄时，每头母牛每天应添喂2~4千克的精料补充料。

这种添喂"营养餐"的补饲方法十分可行有效，可眼观处于哺乳期的产后母牛不仅没有明显掉膘，且牛犊活泼生猛，浑身上下透露着有活力的架势，牛犊长势快而喜人，早已经不是那个落地时浑身黏糊糊、湿漉漉、赢弱怜人的小小牛犊，已初成虎虎有型的健壮半个大牛犊了，让人越看越喜欢，这可能就是牲畜养殖带给我们的喜人之处吧！

总之一句话，产后母牛"营养餐"无论配给多少为合适，均以哺乳期母牛不出现明显的肋骨突出、不露骨相或粪便中没有粮食的残渣为宜。

5. 怀孕母牛用药时应掌握什么原则?

（1）人牛同理，用药需慎重

母牛同我们人类一样，妊娠怀孕的早期务必要慎重用药，以防止母牛发生疾病又必须用药时，因选用不当引起胚胎早期

死亡和致畸形的严重后果。因此，给怀孕母牛选用治病的药物时，一定要认清或购买孕畜可用的安全药物，以利母牛"母子"健康而又平安的逐步恢复健康。

（2）一定用药时，无副作用及少毒害作用的药物是首选

怀孕母牛需要用药治疗疾病时，要首先考虑到药物对母牛身体及腹内胚胎的安全，了解药物使用后对胚胎有无直接或间接的严重危害作用，以及药物对母牛自身有无副作用及毒害作用等，这点特别重要，希望引起高度重视。

（3）给怀孕母牛治病时，用药剂量不宜超标

必须用药物给怀孕母牛用药治病时，用药的剂量千万不能超标使用；用药的时间更不能过长，以免药物在怀孕母牛的体内蓄积后、产生作用而危害到腹内的胚胎，以免造成母牛流产、死胎、早产或畸形胎的产出。

（4）怀孕母牛应慎用或不用麻醉药、驱虫药和利尿药，以确保母牛平安产犊

怀孕母牛应慎重使用或不要使用全身麻醉药、驱虫药和利尿药；禁用有直接或间接影响生殖性能的药物，如前列腺素、肾上腺皮质激素和促肾上腺皮质激素、雌激素；严禁违规使用用于母牛子宫收缩的药物，如催产素及垂体后叶制剂、麦角制剂、氨甲酰胆碱和毛果芸香碱；对云南白药，地塞米松等的常见药物也应慎重使用或者干脆暂时不用；使用中草药物时应禁止使用活血祛瘀、行气破滞、辛热滑利作用等的中草药，如桃红、红花、乌头等，避免引发怀孕母牛出现意外。

（5）给怀孕母牛用药时，应丢弃孕畜用药都有害的错误观点

给怀孕母牛用药时，不仅需要我们要考虑到药物对腹内胚胎和胎儿有无潜在危害的同时，还需要我们彻底改变那种认为

"孕畜用药都有害"的错误观点，以至于为了胚胎和胎儿的安全而延误了对怀孕母牛的及时治疗，反而给怀孕母牛造成不必要的病害加重，到头来损失的可不是一星半点的。

综上所述，怀孕母牛患病时可以用药治疗，但是我们要提倡科学又合理的谨慎用药。怀孕母牛一旦意外生病了，千万不要人为过分的耽误或胆小甚微，此时应要细心大胆、准确判定、积极治疗，只有这样才能更好的确保怀孕母牛平安和健康，力求所用药物对怀孕母牛、胚胎和胎儿无严重的致命危害，让怀孕母牛在药物的支持下和人为营养饲料的"呵护"中，逐步恢复到健康和正常。只有这样，我们才能很好的保住怀孕母牛，迎来小牛犊的顺利降生。

第六章　肉牛一年四季的养殖技术浅谈

第一节　春季肉牛养殖的技术要点浅谈

1. 春季给肉牛投喂麸皮时要注意哪些事项?

麸皮是小麦加工面粉后得到的常见附属产品,是小麦最外层的薄薄表皮,故称麸皮。因各地麸皮的供应量十分巨大,而价格相对来说却较为低廉,多被广大养殖行业常用作粗饲料使用,也是用来喂养肉牛相当不错的粗饲料之一。美中不足的是,麸皮中粗纤维的含量多比较低,且粗蛋白质中必需的氨基酸含量不均衡,加上钙、磷比例严重失调。因此,喂养肉牛时必须科学合理的添用麸皮,才能充分发挥出麸皮应有的饲料价值,减少因混配不合理而造成饲料营养成分的缺失或无端浪费,避免肉牛发生便秘或消化不良等不良后果。我们不否认麸皮在粗饲料中发挥的良好应用作用,但使用麸皮投喂肉牛时应注意以下几个方面的问题,以期让麸皮发挥出更优良的饲料效益。

(1)注意与其他饲料的合理搭配,使所混配的饲料更加全面营养化

上面已经说过麸皮内所含的能量较低,混配饲料时应与高能量的饲料,如玉米、高粱等一起配合使用,这样混配后的使用效果会更佳。其次,应在使用的麸皮中要适量加入蛋氨酸和赖氨酸等的营养添加剂,以保证混配饲料中蛋氨酸和氨基酸的

平衡，利用肉牛更好的增膘长肉或育肥出栏。再者，麸皮中的钙、磷比例严重失调，混配饲料时必须注意补充适量钙粉，以此确保肉牛混配饲料中钙、磷的比例要达到1.5～2.1。

（2）不要用麸皮直接干喂肉牛，以防出现严重便秘和消化不良

麸皮的质地蓬松，碎片均匀，吸水性能特别强，如果长期又大量的直接给肉牛投喂干麸皮的话，而且饮水出现严重不足时，肉牛进食后特别容易导致便秘及严重的消化不良，于肉牛的健康和长势没有丁点益处，这就是不用麸皮干喂肉牛的主要原因。

（3）适当控制麸皮的投喂量，所养肉牛才能健康长得好

麸皮的质地柔软蓬松，具有很好的轻泻性。孕牛在产前或产后应适量投喂淡盐麸皮水或红糖麸皮汤，每日1～2次，以利孕牛更好的吸收和排泄，对润滑孕牛的肠道十分有益。麸皮的添加比例多为15%～20%，而对小牛犊、育肥肉牛和能繁种用的肉牛则要适当的控制投喂量，以免延缓了肉牛的正常长势。

麸皮投喂肉牛的大致比例为：一般小牛犊应不超过3%～5%；育肥期肉牛不超过10%～15%；能繁种用肉牛在15%～20%。特别具体的也可根据其他饲料的具体营养搭配情况，来进行灵活机动的合理混配，藉此达到"粗料精用"的肉牛喂养目的。

2. 发芽土豆投喂肉牛后也会出现中毒致病的明显反应吗？该如何进行快速救治？

每年的春末夏初季节是土豆大量收获上市的季节，待到进入高峰后有许多土豆由于储存不良的原因，就会十分廉价的出现在村口集市或农贸市场的批发档口。有不知道发芽土豆"厉害"的养牛散户和养牛新手，在不法商家舌如巧簧的极力忽悠

下，觉着土豆含有丰富的淀粉或一定量的糖分，自我分析肉牛吃了后可能会既节省饲料又节省时间，而且价钱也较为合适容易接受。购回发芽土豆经初次少量投喂肉牛后，发现所养肉牛十分乐意进食，于是就会成车成批的大量购进用于投喂肉牛。

（1）肉牛进食发芽土豆后的中毒致病症状

养牛散户和养牛新手一旦让肉牛长期或大量进食了发芽土豆后，殊不知这种土豆中含有大量的龙葵素。龙葵素专门在发芽土豆或发芽土豆的茎叶中滋生聚集，而不发芽的土豆中则没有。

健康肉牛进食发芽土豆中毒后的症状集中表现为：

1）中毒轻者的病牛　有反刍减弱，口中流涎，频繁腹泻，肉牛腰下部出现皮疹疙瘩的迹象；

2）中毒重者的病牛　则有反刍停止，不再进食，一度从兴奋不安转至极度沉郁；

3）中毒特别严重的病牛　肉眼会发现其四肢麻痹，痉挛抽搐至倒地死亡。

（2）发芽土豆对肉牛的危害可预防

土豆本身就是肉牛上好的根茎类菜蔬之一，只是发芽后的土豆不能直接随意的喂给肉牛。其实养牛过程中给肉牛投喂土豆时，大不可有放不开手脚、并有"谈芽色变"的小心态度，投喂时只要彻底清除了土豆块茎上发出的嫩芽、切除变绿部位和腐烂部分的实质外围处，如果有尖刀再深挖一下会效果更好；然后用煮熟的方式让其流失一定的水分后，再与其他饲料一起搭配后投喂给肉牛，喂后的效果还是十分安全和令人放心的。

（3）发芽土豆致肉牛中毒后的有效治疗

用0.1%～0.2%的高锰酸钾液给中毒后的病牛洗胃，然后迅速内服鞣酸液1000～1500毫升；重症病牛静脉注射5%葡萄糖溶液1000～1500毫升，10%安钠咖溶液10～20毫升。

文至最后，值得一提的是：怀孕母牛不宜投喂土豆，更不能投喂已经发芽或变绿并腐烂的土豆，以免造成怀孕后期的母牛流产或早产，万不能因着一些廉价土豆而要了怀孕母牛或未出生牛犊的命，那样得不偿失，再者说了，也不能这样省钱。

3. 不要随意在养牛场内宰杀病残死牛，尤其是风干物燥的少雨春季？

据法国著名的化学家健德的研究报告：市场上能够买到的肉类当中都发现一种叫作"脆毒"的毒素在里面，这种毒素的生成和发生并不是偶然的，而是由于动物在被宰杀痛苦恐惧的时候，由于情绪的刺激所骤然释放出来的大量毒素。法国化学家健德下面有两个实验，养牛女人今天"搬出来"，希望一探究竟的养牛同行们能从实例或试验中，知道在养牛场内随意宰杀病残死牛的危害性，端倪一经解开、答案自然也就分晓了。

（1）动物被宰杀的实验一，牛死亡的时间愈久，其尸体内毒素的毒性会愈强烈

倘若仔细观察身边所有患疗疮病的人，一旦吃喝了死亡多时鱼类的肉和汤后，面部原有的疗疮会更加红肿或红肿的面积扩大了。由此可知，死亡鱼类体内的毒素聚集有多么的恐怖和严重，况且比死鱼的体积和体重不知道大多少倍的病残死牛了。就拿我们常常吃的冰鱼和咸鱼来说吧，这些鱼类多半在半年前就死在远洋作业的渔船上，这些毒素已经在体内累积了半年之久，有的累计时间甚至更长，这些有时往往会超出人们智力正常的想象。

还有一些毒素普遍存在于死亡动物的尸体内，病残死牛的尸体里面都含有叫做"尸毒"的毒素。这种毒素是由于肉牛的尸体在腐败的过程中所引发出来的，而且是病残牛死亡的时间愈久，其尸体内毒素的毒性强度便会愈加强烈。

（2）动物被宰杀的实验二，在养牛场内宰杀病残死牛，健康肉牛进食量一下子少了

以我们人类自己来作实验也是出现一样的服人数据，当一个人恐惧或愤怒中暴躁的情绪在发生激烈变化的时候，自身就有各种化学物质在体内开始分泌出来了，多数人脸部的颜色就会呈现紫青色或猪肝色，甚至从我们嘴巴里所呼出来的气体，它的成分也与平时是完全不一样的。

法国科学家曾经吹气在一支冰冷的玻璃试验管里面，情绪平静时所凝结出来的是无色透明的液体；可是在悲伤、愤怒、嫉妒和咆哮如雷、歇斯底里的时候，所凝结出来的液体颜色都不一样。当科学家把某一个人在发怒的时候，所凝结出来的液体注射在其他试验动物的身上，被注射的这个试验动物一定会很生气或者蹦跳大怒，与平时判若两样；科学家又将在嫉妒的时候所凝结出来的液体，注射到了健康小白鼠的身上，只是不消几分钟的短暂"光景"儿，这只活蹦乱跳的小白鼠就被活活地毒死了。这足以说明人类恐惧或发怒后产生的物质也对试验小白鼠有着巨大的危害性，而通过种种对应性试验同样得出这样一个数据，不能在养牛场内或是当着健康肉牛的面现场宰杀其他病死牛，不然的话后果同样也是很可怕的结局啊！

（3）宰杀后的病残死牛，其毒素"尸毒"会随风向挥散

根据现代医学研究，所有死亡的动物尸体内都含有叫作所谓"尸毒"的毒素。在遭受宰杀之前的那一刻，患有绝症或病残的肉牛更是极端的恐惧痛苦，其体内的生物化学情况更是大大改变，体内组织在瞬间的极端中迅速生成大量的有害毒素，但随着患病体残肉牛生命的黯然停止，其身体原本具有的排泄功能、解毒功能也都停止"工作"了。病残死牛尸体中的蛋白质迅速凝结，产生一种能自我分解的变性物质，即毒素"尸

毒"。"尸毒"则完全残留在血液和肌肉组织中，因毒素"尸毒"的集中存在，所含的毒素成分容易更加腐败或随风向挥散。其实，这点才是本篇小文所要论述的主题思想所在，即养牛场内不得私自宰杀病残死牛的主要存在障碍。因这严重关乎其他未曾染病肉牛的健康和安全，仅凭这一点就是不能突破或逾越的自我界定底线。

文至最后还得老话重新说，毒素"尸毒"一词，完全是个咱老百姓看不见、摸不着、非常高级文雅的嘘唏"玩意"儿，猛一看似乎与肉牛的正常养殖无关疼痒；实则不然，若将患病或残疾肉牛当着一群健康的肉牛、就地在养殖的圈舍里面随意宰杀的话，养牛女人和许多养牛同行都有几乎一致的同感，那就是有为数不少的肉牛进食量一下子少了，有的甚至几天下来都会是这个"小饭量"的样子。鉴于此，衷心希望众多的养牛同行不要随意在养牛场内私自宰杀病残死牛，尤其是风干物燥、干燥少雨的春季，因肉眼难以识别的毒素"尸毒"一旦弥漫开来，在养牛场内外或左右挥之不去的话，遭受损失的还是养殖肉牛的我们自己。

为了所养肉牛长得好，请养牛散户和养牛新手不要随意在养牛场内宰杀患病肉牛、肢残肉牛和病死肉牛，不仅是风干物燥、春风吹佛的春季，就是在其他季节里也不要随意宰杀，此点养牛的同行务必切记。（见彩图17）

第二节　冬季肉牛养殖的技术要点浅谈

1. 养牛散户和养牛新手试养几头或几十头肉牛的情况下，冬季该准备哪些粗饲料？

有些养牛散户和养牛新手虽然十分热衷于肉牛的养殖，可由于种种原因初期不愿有较大的投资，在有青绿粗饲料的温暖季节里，投喂肉牛的粗饲料解决起来很容易；那么在寒冷的冬季来临前，该准备哪些肉牛喜食粗饲料呢？冬季肉牛所需的粗饲料便成了当务之急。

其实，养牛散户和养牛新手在试养几头几十头肉牛的情况下，也基本没有投资建造青储池或青储窖的必要性，关于冬季肉牛粗饲料的解决问题，养牛女人下面简单介绍一二，仅供少量试养肉牛的养牛散户和养牛新手参考借鉴。

（1）青干草类

一般是长势茂盛的各种青草（未结籽的为佳）收割回来，经晒干打捆后，收储存放在闲房或不漏水的场棚内，好在冬季缺少粗饲料又无青储玉米秸秆的条件下喂养冬季的肉牛。

（2）秸秆类

喂养肉牛的各种农作物秸秆，在农村、郊区或山区十分多见，可谓唾手可得，像麦秸、稻草、芝麻秸秆、玉米秸秆、高粱秸秆、豆秸秆等晒干后按需或适量堆成草垛，可以随用随取。投喂肉牛前最好铡成寸段，这样在不浪费粗饲料的同时，更有利于所养肉牛的营养吸收及消化利用。

（3）秕壳类

像谷壳、高粱壳、花生壳、豆荚、棉籽壳、玉米皮、麸皮等众多粮食作物的下脚料，这些粮食的附属物都是冬季喂养肉牛的上好粗饲料，它们含有的蛋白质比秸秆类的粗饲料高，且均具有容易消化、易上膘的优点。

（4）农作物秧蔓类

收获花生、大豆、豌豆、地瓜、红萝卜后淘汰的植物秧蔓，经晾晒粉碎后喂养冬季的肉牛，也是肉牛冬季相当不错的青粗饲料之一。

（5）树叶类

肉牛喜食的干树叶有槐树叶、桑叶、银合欢叶、榆树叶、桃树叶、银杏叶、枣叶等。这些干树叶的特点不仅含蛋白质较高，维生素的含量也较丰富，肉牛进食后具有营养高、上膘快的特点。

（6）根茎类

遇有特殊的年份，各地会有些地瓜、土豆、红萝卜等比较便宜，买到家的这些块茎植物，是冬季喂养肉牛的上好粗饲料。投喂前必须洗去泥沙，切成便于入口的小块状，这样有益肉牛进食咀嚼或下咽的时候，不会引起肉牛因快速进食、吞咽无度而引起噎食或塞堵，避免健康肉牛造成不应有的意外伤害。

2. 冬季喂养肉牛的晒干粗饲料，为啥要铡成寸段？

晒干后用于冬季喂养肉牛的粗饲料，多由青干草或其他青绿植物、农作物的秧蔓直接晾晒而成。在晒成干草制品后仍然很好地保留了植物或农作物秧蔓的青绿颜色，故称为肉牛喜于进食的青干草。

青干草与青储秸秆的原理一样，主要是为了保存青草或农作物秧蔓中原有的营养成分，以替代青储秸秆来喂养冬季的肉牛。

青干草在投喂肉牛前，务必用铡刀铡成约一寸长短的草段，这样肉牛不仅乐意舔舐咀嚼，而且有助于肉牛的吸收和消化。对此，民间流传久远的养牛俗语有："干草铡一寸，无粮长三分"的说法。从此俗语中可见青干草或农作物秧蔓铡成寸段后，对不添加任何粮食的肉牛来说，都有干草能顶三分粮食的真实说辞。因此，养牛女人建议养牛散户和养牛新手千万不能嫌麻烦，投喂前一定得把青干草或农作物秧蔓铡段后再喂肉牛。那种贪图省事，直接抱上一大抱丢给肉牛就算完事的简陋投喂方法，多数情况下青干草多少会有剩余，无形中造成了草料的浪费，如粗壮的干草肉牛只是喜欢啃食叶片或植物上梢后便丢弃一旁不吃了，特别粗壮的下半部剩余的会更多。有账不怕算，久而久之，这些浪费的粗饲料可就不是小数了。

如此投喂法不仅浪费了青干草，无形中还增加了肉牛的进食时间，于增膘增重无丁点益处，建议将青干草铡成寸段后再行投喂肉牛。

3. 寒冷季节肉牛的饮水，养牛散户和养牛新手供给时要注意啥?

（1）不能让肉牛长期饮用冰冷水和冰碴水，以免引发多种疾病

冬季由于气温较低，若给肉牛饮用冰凉的冷水，甚至是冰碴水，此时会发现多数肉牛不愿饮用，少数饮用的只是用舌头如蜻蜓点水般的舔一舔，不像平时那样呼呼的放开了一气畅饮。倘若给肉牛供给饮用冰冷水或冰碴水的时间久了，所养的肉牛便会出现缺水状况，即便是肉牛渴极了、无奈饮用了一些，肯定也达不到天暖时的正常饮水量，这样势必会造成肉牛消化过程的缓慢，肌体正常的代谢受阻。另外，肉牛在长期缺水的恶劣养殖条件下，即使吃的草料再多，只要是饮水供给的不到位，肉牛照样是光吃不见长，严重时眼观肉牛的膘情有所下降或急剧下降，严重时有的还会引发食滞或百叶干等的疾病。

（2）冬季饮水需温度适宜，与肉牛体温一致时才能发挥应有的作用

冬季里肉牛饮水的温度要适宜，因冰冷水或冰碴水的温度若低于肉牛自身的体温时，势必要吸收肉牛本身由饲料转化来的相等热量，达到与牛体温度一致时才能发挥应有的作用。肉牛这样被动接受的时间久了，自然地无形中会降低入腹饲料的利用率，与肉牛的健康丝毫无益。鉴于此，冬季肉牛饮水的温

度最好维持在20～30℃，养牛散户和养牛新手有深眼机井的则无需多虑，直接汲取地下水供肉牛饮用就是。

（3）冬季可适当补充精料水，这样对肉牛生长十分有益

肉牛精料水就是水和精饲料的混合物，只是水多精料少，故简称精料水。

寒冷漫长的冬季，为了促进肉牛在这期间多饮水、饮足水、饮好水，此季应该给肉牛饮用配比适当的精料水，其具体的操作方法是：先用开水把精料冲泡开来，使之变成浓浓的糊状，然后再按肉牛所需兑上一定量的清水，待搅拌均匀后直接供给肉牛饮用即可。

（4）掌握准确饮水量的同时，应根据饲料情况适当添减

肉牛具体饮水量多少的大体核算，可以按照多数情况下肉牛进食1千克干物质、需要饮水3～5千克的量来计算。因此，精料水的配比也可按此换算公式为基础，来给冬季的肉牛配比精料饮水。此时，还应密切注意肉牛进食草料的干湿情况，给肉牛准备的饮水量虽不能低于3～5千克量的水，但含水成分颇多的青储玉米秸秆、果蔬下脚料、块茎植物、糖稀渣子或部分酒糟，是可以根据此数据来适宜增减的，千万不能统统按3～5千克量的水来供给。

（5）肉牛冬季莫空腹给水，先料后水乃是安全之举

冬季养殖肉牛过程中，千万莫空腹给肉牛饮水，倘若饮用水的温度偏低会使肉牛的体温骤然下降，容易导致体瘦体弱、进食不佳的肉牛感冒发烧；怀孕母牛若空腹饮用了冰冷水或冰碴水，时间久了容易导致流产或早产，严重的还会影响母牛的再次繁殖能力。

冬季肉牛正确的饮水方式是：先投喂给肉牛混合草料，待肉牛吃饱后再给其饮用水。这样可使草料和水在肉牛的瘤胃内

充分混合，稀稠合适的状态下有助于肉牛正常的消化和吸收。

4. 冬季肉牛饮水的次数需要减少吗？

肉牛正常的饮水需要每天2～3次，冬季天短，可在早晚投喂混合草料后直接供给，中午一般不需要再次给水饮用。倘若饮水条件达不到或预知有事外出不能按时正常满足时，每天至少饮水1次，必须保证饮水的充足供给，以满足肉牛对饮水的日常需求；但一天给水一次的行为只能偶尔为之，切莫养成一天给水1次的懒惰行为，这样于肉牛正常的健康无益，且长膘缓慢，消化欠佳，达不到理想的增肥目的或提早出栏的上市愿望。

综上所述，养牛散户和养牛新手冬季给肉牛日常饮用的水，必须人为创造适宜的饮水条件。只有在保证正常饮水的情况下，才能让冬季养殖的肉牛照常生长不掉膘，人为减少因寒冷或其他不良条件造成的肉牛冬季生长缓慢的弊病。

5. 冬季少量养殖时，采用桩养移动法的肉牛长膘快吗？

养牛散户或养牛新手少量养殖肉牛时，刨除正常的喂牛时间外，多数情况下时间较为宽松。寒冷的冬季，少量养殖者若采用桩养移动法来养殖肉牛，其方式方法还是比较不错的。这种喂养法可以人为促使肉牛长膘快，育肥期短，值得养牛散户和养牛新手借鉴和使用。下面养牛女人简单的介绍一下。

（1）桩养移动法建造简单，其养殖模式值得提倡

冬季气温普遍偏低，养牛散户和养牛新手的养牛圈舍多数由于投资少或没有投资的原因（多利用原有的偏房或棚厦，只是按肉牛养殖的要求稍稍修缮。），圈舍简陋且潮湿，加之采光或通风的条件低下，这样简单养殖条件下于肉牛正常的生长要求颇远。此季节的此种条件下，要想使冬季的肉牛生长发育良好，除了满足肉牛对营养物质的正常需要外，养牛散户或养牛新手还需要解决好两个棘手但必须满足的问题：一是充足的阳

光照晒，二是适当的活动量。为此，有场地条件而又不嫌麻烦的，不妨采用桩养移动法来养殖为数不多的肉牛。

桩养移动法，说白了就是利用埋好的木桩栓系并养殖肉牛的一种快速育肥模式，其方法简单易行。首先要选择坐北朝南、北高南低、采光聚热性能较好的闲置场地。场地要求宽敞明亮、干燥清洁，大小宜根据所养肉牛数量的多少而定，总之宜大不宜小。场地围墙应用砖石水泥等的材料垒至1.8～2米高的围墙，场地内预算好后埋入的木桩需深达地下0.5～0.6米，用砖和水泥灰浆紧靠木桩砌垒肉牛的食槽。木桩与木桩之间的距离，以肉牛栓系在木桩上、不能相互踢咬为宜，实行一牛一桩、一牛一槽，栓牛的缰绳长度在0.6～0.7米。天气晴好时可以把肉牛牵出、全天在露天的木桩上栓系喂养，肉牛吃完草料后就地靠木桩卧地休息。暖暖的冬阳照晒在肉牛身上，此时可见肉牛一副懒洋洋的幸福模样，满足自在地眯缝着眼睛，宽宽的嘴巴里一鼓一鼓的反刍倒嚼着，一派安静祥和的田园风情立现眼前；而有些吃饱后站立的肉牛，则心情超好地随意哞哞几声，或蹬蹬蹄子、或甩甩尾巴，把自己倒弄的干净异常，毛色顺溜服帖。如果遇有阴雨或风雪冰雹天气要及时牵牛入圈，以躲避恶劣天气对肉牛意外的侵袭。

此外，养牛散户和养牛新手要养成每日收听收看天气预报的习惯，以利掌握天气的最新变化。假如知道连续几天都不是暖阳晴日的话，那就不要牵牛出来，直接在圈舍里喂养就是，待到天气转好后再牵出就是。

（2）桩养移动法养殖肉牛，对增膘长肉好处多多

桩养移动法养殖肉牛的好处主要体现在：肉牛可以自由自在的充分采光采热，呼吸到户外的新鲜空气，有利于肉牛肌体生理活动的正常运转和需要。广袤的北方，特别是东北三省寒

冷而漫长的冬季，肉牛有适宜的阳光照晒更显得十分重要。此法还可最大限度地限制肉牛的活动量，因长度为 0.6～0.7 米的拴牛缰绳，不仅能够满足其小范围的身体站立和转动，也能满足肉牛卧地休息的本能需求，还能很好的限制其狂奔乱跑的无谓消耗活动。因肉牛活动量过大会直接消耗较多的热量和体能，影响瘦肉的生长堆积和脂肪的沉积沉淀。虽说是短状缰绳的桩系栓养，但有一早一晚、不急不慢、移进移出的适当活动，反而加速了肉牛的血液循环，对促其增膘长肉有利，最终理想的结果是获到了较好的利益回报。

养牛散户或养牛新手采用桩养移动法养殖肉牛，虽然表面上看似麻烦费事，实则不然。自古以来，牛就是通人性的"表率"牲畜，只要人们牵不上几次，懂事又通人性的肉牛便会很乖乖的配合，有的甚至相当的默契。时间久了，牵牛进出的习惯自然也就养成了，习以为常后倒觉得成小菜一碟了，不觉得是个麻烦事。毕竟肉牛生病少、长的快、膘情好、毛色亮、卖价高、赚钱多的最终事实明摆着呢。所以此法还是利大于弊，值得在喂养数量少的养牛散户和养牛新手之间普及推广。

6. 冬季喂养肉牛的晒干粗饲料中，加入稀土有哪些好处？

随着稀土农用研究的不断发展，稀土作为动植物生理调控物质的原理和作用已被广泛认同。稀土用在肉牛身上目前已取得了不错的效果，多种实验证明稀土对肉牛增重增膘的效果极为显著。

蒙古国科学院在本土建立了大规模牛羊养殖试验基地，利用我国内蒙古包头稀土研究院研制的"稀土添加剂"，专门进行了冬季的喂养试验，效果颇佳。养牛女人下面把这方面的实验数据和实用结果汇总如下，以供养牛同行们参考借鉴。

（1）增强肉牛的免疫能力，有效减少死亡

试验证明：我国自行研制的"稀土添加剂"在肉牛的养殖上取得了巨大的成功，尤其在冬季的枯草期，规模化的养牛场在饲料中添加含有稀土的"稀土饲料添加剂"后，发现可以有效遏制因寒冷冻害、环境恶劣、营养缺乏下牛群的大量死亡，有效遏制了北方寒冷冬季死牛的高峰现象。

（2）养牛散户和养牛新手养殖数量少，是适合使用的特定人群

养牛散户和养牛新手冬季以干粗饲料喂养少量肉牛的情况下，可买来稀土自行添加。添加比例为每头肉牛每日添加5～8克，分2次随粗饲料投喂给肉牛即可，方法简单易行。

肉牛食用后不仅抗冻害能力明显增强，且日长肉增重可提高5%～8%，最高的能达到9%～10%，值得人们一试。

（3）青储秸秆配稀土，肉牛增重效益更突出

国内寒冷北方众多规模化的养牛场，多数在日常的饲料中添加了适量比例的稀土，配比成含有稀土的配方饲料，投喂后发现收益比不使用前好了许多，这点业内早已有目共睹。规模化养殖肉牛的场家多采用青储玉米秸秆为主要粗饲料，主料辅料搭配的更是完善合理。此种情况下青储秸秆粗饲料中添加稀土，愈加突出稀土的优越性。

多家规模化养牛场的试验数据同时显示，添加稀土后肉牛的增重提高8%～15%，个别的少数竟高达30%～36%，而且还大大改善了牛肉的品质和口味，相应提高了肉类产品的商品等级。添加稀土的同时，还发现肉牛整体的免疫能力明显提高，发病率降低、死亡率大幅降低。在以往冬季里有少数死亡的情况下，添喂稀土配方饲料后的肉牛竟无一死亡。

由此可见，青储秸秆里添加"稀土添加剂"后，规模化养

牛场的肉牛群发生了神奇的变化。

特别注解：往青储秸秆里添加"稀土添加剂"具体的剂量，请按照该产品的使用说明书即可。

7. 肉牛添加稀土后有残留吗？对人类健康有危害吗？

"稀土添加剂"在肉牛体内有无残留，一直是人们关注的食品焦点问题。大量的试验表明：稀土在牛肉中的残留量极低，基本可以忽略不计。实验研制后的"稀土添加剂"具有理化性质稳定、不易变质、易溶于水的原理和作用，对人无任何副作用。

由于"稀土添加剂"的使用方法简单，购买应用的成本低廉，适用范围广泛，非常适合大规模的畜牧业养殖。"稀土添加剂"一旦大规模推广应用开来，将对国内畜牧业的增产增收、改善肉类品质和保护生态环境，产生革命性的一系列积极而又深远的影响。

第三节 秋季肉牛养殖的技术要点浅谈

1. 秋天用红薯秧投喂肉牛要注意什么？

秋天是各地红薯相继收获的高峰季节，种植区的养牛散户和养牛新手多有用红薯秧来喂牛的习惯，这样做是完全可以的，可谓一举多得，是个值得普及和推广的上好举措。一来能就地消耗自家、邻家或村里村外的红薯秧，不至于白白浪费了；二来作为肉牛的粗饲料青鲜适口、营养丰富，肉牛十分乐意采食；三来可以借助肉牛的食用，达到过腹还田的目的，产生的粪便能为来年大田农作物的丰收做出贡献。

尽管红薯秧作为肉牛的粗饲料好的不得了，但需要引起养牛散户和养牛新手注意的是：不能给肉牛投喂已经因缺失水分而打蔫的红薯秧，即半干半湿、收获红薯断秧后3～5天的那种蔫秧子。因打蔫的红薯秧粗纤维会变得柔韧异常，不易断裂，像极了浸水后的草绳子，肉牛吃下去后很容易缠绕成团，在肉牛体内形成坚硬的粪球并阻塞于肠道中，迫使肉牛骤然生病。倘若养牛散户和养牛新手粗心或忙于农活发现的晚了，医治不及时或方法不合理时死亡率极高，损失往往不可避免。

所以，养牛散户和养牛新手用红薯秧投喂肉牛时，必须做到两点：一是要新鲜脆嫩，即老百姓所说的红薯嫩秧或新鲜红薯秧；二是要把收获后自然老成些的陈秧或晚秧曼铡成寸段后投喂，这样做的好处是不仅利于肉牛顺利咀嚼下咽，还可有效减少或杜绝肠道阻塞病的发生，减少不必要的经济损失。

2. 未曾铡段的红薯秧蔓造成肉牛大肠内阻塞的症状，具体都有哪些积极应对的好方法？

一旦发生由未铡段的红薯秧蔓致肉牛肠内阻塞患病的，可用以下方法及时给予具体的对症治疗。

（1）如果红薯秧蔓在肉牛大肠内阻塞的时间较短，发现并确定在1～2天时，可尽快采用瓣胃注射法，即用硫酸钠溶液400克或石蜡油500克，采用分层注入的方式，此举效果很好，可以直接应对肉牛大肠内的阻塞。

（2）若阻塞的时间判定在2～3天时，或直肠检查发现有阻塞硬块形成的情况，且阻塞硬块已经固定稍有滑动的状况下，可人为采用直肠按压的方法，慢慢将阻塞的硬块用手压碎，按压时感觉硬块已经碎了，再继续用手顺着小硬块的位置揉压，直至完全揉开小的硬块为止。

（3）如果硬块阻塞于肉牛的小肠，且确定时间已在3～5天时，养牛散户和养牛新手千万不要怠慢，应立即请有经验的兽医采用手术治疗法，直接取出缠绕成团的坚硬粪块。如果是临近出栏的成年肉牛或老年母牛，大不可花费时间和精力去治疗，应该及时出栏淘汰掉，以免阻塞严重的肉牛再遭受过多的痛苦。

3. 肉牛吞食坏红薯或发芽红薯后，会有哪些致病症状和综合的治疗方法?

（1）肉牛吞食后的发病症状

坏红薯首先有部分腐烂的现象，肉眼很肉眼发现的到，这样的坏红薯是不能给肉牛投喂的。另外，更不要给肉牛投喂已经发芽的久储红薯，肉牛进食过多也会出现病患的。

集中喂养的肉牛一旦过量进食、或散养牛犊在"溜达"中误食了坏红薯或发芽红薯，进食后均会引起患病反应。因坏红薯或发芽红薯中含有大量的真菌毒素，肉牛和牛犊进食后容易出现精神萎靡、反刍减弱、停止进食和便秘不排的患病症状；有的病牛还会出现呼吸急迫、喘气困难；染病严重的病牛继而会有昏迷不醒和痉挛抽搐等的不良现象；最严重者如果得不到及时有效救治的话，死牛现象肯定是在所难免的。

（2）预防的方法很简单

坚决不用部分腐烂或感染黑斑病的坏红薯来投喂肉牛，那种已经发芽的久储红薯更不要投喂肉牛，以防引起不测。

（3）发病后的治疗方法

肉牛一旦出现进食坏红薯或发芽的久储红薯患病后，应在第一时间内先行移走或清理牛槽中剩余的坏红薯或发芽红薯，同时也要立即停喂铡段后的红薯秧蔓、红薯粉等的红薯饲料。给病牛综合治疗的方法如下。

1）可用生绿豆、蜂蜜各500～600克，混合拌匀后一次给患病肉牛内服入肚。

2）或用0.1%～0.2%高锰酸钾液2000～2100毫升，缓慢给病牛灌服。

3）个别严重病牛出现便秘板结的现象时，可立即给予内服硫酸镁液400～600克，同时静脉注射25%葡萄糖液500～1000毫升、10%安钠咖液10～20毫升、5%碳酸氢钠液250～500毫升等。

4. 鲜玉米棒上的软皮，肉牛进食有好处吗?

入秋后，国内各地逐渐进入收割玉米的时节，有的养牛散户和养牛新手把自家玉米棒上剥下来的软皮，喜欢直接抱给所养的肉牛吃。俗话说：三麦不如一秋长，一秋更比三麦忙。此话形象地比喻了秋天是个农活颇多的季节，且农村忙秋的时间比三个麦收的农活都要多。多数养牛散户和养牛新手由于农活忙，为节省更多的时间用来忙"季节不等人"的忙碌三秋，他们中的个别人既不把刚剥下的玉米软皮用铡刀铡短，也不知道把铡段后的适当新鲜青草掺入其中，以中和或人为减缓肉牛的吞咽速度，而是随便抱上一大抱，或图省事喊家中的半大孩子去完成。大人添喂软玉米皮都是凭经验估计着给肉牛投喂，而有的顽皮孩子看着肉牛爱吃，不等肉牛吃完又来回抱了好几趟，忙得不亦乐乎中早把家长的谆谆嘱咐忘掉了；直接把眼观柔软新鲜、多汁味甜的玉米软皮、一抱又一抱地放在肉牛面前，任其敞开肚皮大肆的自由舔食。特别是饥饿多时的青年肉牛，见到玉米软皮后多会大口整片的吞咽，非常喜欢进食且眼观吞咽的不亦乐乎，连头都"舍不得"地抬一下，殊不知很危险已经悄悄地来临了。

（1）玉米软皮进食过量易产生腐败的酸气，于肉牛的身体健康丝毫无益

虽然鲜玉米软皮是肉牛喜食的粗饲料之一，但软皮中含有大量的粗纤维，韧性特别强，不宜咀嚼和消化，进食过量后易在肉牛的瘤胃中积聚并引起阻塞，时间长了加之进食速度过快或过量严重，肉牛进食后不久便很快在胃中发酵腐败、一度产

生大量的酸性气体，最后逐渐酝酿成了有毒物质，导致肉牛机体出现酸中毒现象，特别严重时会引起死亡。

（2）玉米软皮投喂前要铡段，是有效化解并预防肉牛中毒的简单方法

为了有效预防肉牛因过量进食玉米软皮而出现的中毒或死亡，其预防的方法很简单，即投喂前一定要用铡刀铡成寸段，还可将少量的铡段青草掺入鲜玉米的软皮中，千万不能一次性投喂太多，因肉牛进食多了于消化无益。

最后养牛女人要说的是：千万不能因噎废食。其实，玉米软皮是肉牛非常好的粗饲料之一，只要适量投喂可以起到应有的饱腹作用。若铡段后掺入一定量的较短青草，投喂后对肉牛的生长有百益无一害，确实是变废为宝的好法子。

（3）一旦发现投喂玉米软皮过多时，应立即给予移走或适量减少

马上要说的是发生在养牛女人自己身上的尴尬事，2003年的养牛之初，为了处处节省钱财，为所养的肉牛找寻尽可能受累但不需要花钱、或花很多钱的粗饲料，我们就是本着因地制宜、省钱不省力的草根"穷"想法，有什么喂什么，什么不花钱或少花钱就喂什么，其中玉米软皮就是当时的我们给肉牛添喂的粗饲料之一。我的养牛场建造在村子外边，养牛场的墙外面就是大片大片的玉米地，饲养员喂完肉牛的间隙就去割青草和玉米秸秆，有时也会把人家弃之不用的新鲜玉米软皮弄回养牛场，待三下五除二地处理好后再喂给肉牛吃。至于怎么处理，不同的粗饲料究竟有哪些不同的处理方法，当时的我对此都一概不知。

十多年前的养牛之初，因喂养的肉牛数量比较少，仅在不足20头左右的样子，加之我的时间或精力仍然在心爱的"蛇

儿们"身上，养牛场的日常打理全由家人和饲养员负责，具体怎样更好地把玉米软皮投喂给肉牛，那时我真的是一无所知，就像上面所说的顽皮孩子那样，直接抱给肉牛吃就是了。有一次我的印象特别深刻，饲养员去玉米地里拉秸秆久去未回，但早已过了喂牛的时间，我便听到饥饿难耐的牛群嗷嗷乱叫。我在一墙之隔的蛇园里听得真真切切，从心底出于对自家肉牛的"疼爱"，我便立马拿了钥匙去了养牛场的那边。开锁进院后，我便看到圈舍的一角堆放有许多新鲜的玉米软皮，我便不怕脏不怕累、一大抱一大抱地直接投喂肉牛了，目的是让群牛先吃着"垫垫肚子"，别乱叫、别折腾，更别叫人听的心焦如焚。看肉牛大口大口吞吃玉米软皮的满足样子，我心里也高兴极了。虽然，急火火地做完这一切，也真是忙活地我够呛，但看着群牛快乐幸福的憨厚模样，我心喜如忙于吞咽的肉牛，一时间竟也仿佛满足如牛。

看肉牛狼吞虎咽吞吃玉米软皮的景象好看极了，反正在舒服中我又看了好大一会儿，饲养员终于满头大汗地回来了，一眼看到我给肉牛那么多的玉米软皮，口中立马变了腔地叫喊着：我的姑奶奶啊！你这是要把好好的牛给毁了。边说边嗖嗖地跑步上前，一抱一抱、疯抢一样把食槽中的玉米软皮全都清理了出来。但那晚我家的群牛，饲养员没有再次投喂任何草料，直到一个多小时后只供饮水便算喂牛完事。

待到第二天我便早早地起来去看牛，进入牛圈后一瞅我便知道一切平安无事，幸亏身为饲养员的老舅经验丰富，知道玉米软皮不能在不铡段的情况下让牛敞开了吃。不然，一群好端端的健康肉牛，在我偶尔的大方殷勤"招待"下、猛不丁地吃那么多的整片玉米软皮，一旦进食过量、集中产生过量腐败的酸气，还真不知有多么严重的意外或重大经济损失呢！好在这一切的一切，在饲养员老舅及时正确的纠正下没有发生，我家所养的群牛才得以安全。

吃一堑长一智，不，是长好几智呢！也就是从那时起，我便知道了好多原来不知道的"牛事"，也知道了许多粗饲料虽然是肉牛的上好饲料，但就是不能直接投喂，必须适当的粗粗"加工"一下，不然的话，平时看似壮实如墙的肉牛，也会成为如我般养牛人无知胆大下的试验品或牺牲品。像应季的各种鲜青草、多种农作物等的秧蔓，均需要铡成寸段后投喂肉牛既好又安全，既是草又顶三分料；一些块茎植物如萝卜、土豆、地瓜、胡萝卜等，不仅需要清洗干净，还要切成肉牛适合入口的小碎块，然后投喂肉牛时才不会致其塞着噎着的。但再好的东西也不能茫然的多喂，因这些东西含淀粉或糖分过多，肉牛吃多了由于"料猛、结实"而导致消化不好，如果进食过量还会严重影响肉牛的消化系统等这些，看似不起眼的稀松平常小事儿，倘若处理不好或救治不及时的话，也会置个别肉牛死地的，这里养牛女人绝对不是危言耸听、胡乱吓唬人的。

5. 秋季养牛场如何使用新上市的高水分玉米？

当年秋天新上市的玉米虽然颜色鲜艳、味道浓厚、适口性好，肉牛均乐于进食；但多数新玉米还没有完全晒干，其内含有较高的水分，肉牛吃后就有一些"宣和"不实轴或不抗饿的事实。这是由于新上市玉米水分含量高的缘故，导致其内含干物质的含量较低，能量和蛋白等应有的营养成分含量也较陈玉米低了很多。一头肉牛原来一天进食的玉米量，如果使用高水分的新玉米后，应对肉牛较之陈玉米的量要多投喂一些，如果还是按照原有的量投喂肉牛的话，就可能直接影响到肉牛正常的生长性能了。此季节倘若换算不出新陈玉米的详细账，养殖的无形中会得不偿失，因眼观肉牛在健康无病的情况下却日渐消瘦。所以，养牛散户和养牛新手不能在看似不起眼的新上市、高水分玉米上"跌"跟头。

（1）使用高水分的新玉米时，要及时加大在饲料中的添加比例

对于众多规模化的养牛场和养牛新手而言，最好应阶段性的在肉牛精料中使用高水分的新玉米，一定要根据玉米准确的含水量对精料配方进行适当的调整；对于养殖数量少的养牛散户而言，倘若库存没有必须要使用高水分的新玉米时，可采取这样一个简单的换算方法，如果新玉米中的水分比常规水分含量高了10%左右，那么精料配方中新玉米的添加比例也应该比常规高出约10%，即从原来玉米分配比例的60%提高到70%左右，其他辅助原料的添加比例不变。虽然这种换算方法不是很准确，但操作简单、方便好记，容易让养牛散户接受；也可据此进行适当的续添，以保障肉牛正常的长势。

只要高水分新玉米变更补充的及时，每年秋天高水分新玉米上市的特殊时期，肉牛便不会因精料的不足、而出现缓长或掉膘的恼人现象。

（2）高水分的新玉米不要大量买进存放，以免霉变后"害"牛不浅

每年秋天新上市的玉米水分含量普遍都高，此季倘若要按需大量收购时，一定要密切注意高水分的玉米是否已经出现了霉变现象。霉变玉米带来的风险和问题，肉牛进食的后果是非常严重的，养牛女人会有专门的篇幅予以介绍。

另外，由于玉米含有较多的脂肪酸，磨碎后的玉米粉面极易酸败变质，结块变色发馊有异味，根本不能长期搁放保存。所以，我的养牛场当天粉碎的新玉米都是当天用完，从不将已经粉碎好的高水分新玉米放置太久，就怕引起所养肉牛的意外

发生，此点万望引起注意。有时还会遇到这样的情况，即便是新玉米当天粉碎当天用完，但早上粉碎后的玉米拌料后肉牛十分乐意舔食，而晚上投喂肉牛时则会发现不如早上吃得欢实，此时若用手捧起来放鼻子底下一闻，已经有股刺鼻难闻的酸酸馊味了，难怪不会说话的群牛都不喜欢接受。

6. 秋天给肉牛驱虫颇好，具体实施时应注意哪些问题？

养牛散户和养牛新手由于养殖肉牛的数量较少，驱虫工作要较规模化的养牛场简单些。目前给肉牛驱虫的药物比比皆是，驱虫的方式方法也有很多，但无论使用哪种驱虫药物或采用什么方法，都应注意如下几点，以保障驱虫工作安全又顺利的进行，下面养牛女人只是简略说一下，后面规模化养牛场的驱虫章节里还有较为详细的介绍。养牛散户和养牛新手倘若感兴趣的话，也可以按照自己符合的条件结合起来驱虫，效果也很理想。

（1）合理选择单种类驱虫药物，阿维菌素是不错的首选

在购买并选择驱虫药物的时候，养牛散户和养牛新手一定要从简单简捷的用药方面入手，尽量不要选择多种药物联合配比使用的种类，应直接选择单一广谱的驱虫药，如阿维菌素。该驱虫药具有灭杀范围广、疗效高、毒性低的诸多优点，又能直接使用，无需多药连用。

确定要给肉牛实施驱虫时，事先应准备有针对性的特效解毒药物，如阿托品、解磷定、氯磷定等，做到有备无患。对驱虫后的肉牛一定要细心观察，眼观一旦出现副作用要及时处理。

（2）对牵进牵出的肉牛，应实行二次给药驱虫法

养牛散户和养牛新手养殖的肉牛，多是采用牵进牵出的灵活养殖方式。若是采用这种流动方式的话，不建议使用一次注射驱虫的那些驱虫药物。由于肉牛每天的流动性在那里"摆

着"，注定会有不明风向带来的寄生感染。为了所养肉牛的安全起见，更为了确保肉牛的驱虫效果，防治寄生虫的残留和蔓延，可以在首次用药后，间隔一段时间后再进行第二次用药。这样虽然稍稍麻烦一些，但毕竟肉牛养殖的数量较少，实际操作起来还是相对很轻松的。

（3）个别体外寄生虫宜喷洒和药浴，清晨投喂前空腹给药效果更好

养牛散户和养牛新手的肉牛多是一头或者是几头这样分批购进的，购进的也多是些青年"架子牛"，这样的肉牛到"家"7～15天后便可驱虫。一般体外眼观有寄生虫的话，可适宜用驱虫药喷洒和药浴的方法，如与圈舍内的其他肉牛同时进行驱虫效果会更好，这样既可以有效阻止"新老肉牛"的相互交叉感染；还可在清晨投喂前空腹给药驱虫，目前公认这种驱虫效果颇好。

（4）安全操作时刻记心间，母牛驱虫必须选在空怀期

能繁母牛和再繁母牛是养牛散户和养牛新手眼里的一颗重要"棋子"，更是孕育着无限希望的私人"储蓄银行"，因其再生循环出来的效益非常高。为了确保这些会赚钱宝贝"疙瘩"们的驱虫安全，驱虫时的用药一定要特别谨慎，必须选择孕畜可用的那类驱虫药，千万不要选择随着"大溜儿"一起驱虫的鲁莽做法，这样可以有效减少不必要的风险。

此外，为了进一步的安全需要，母牛驱虫应该选在未曾孕育的真正空怀期。

（5）加强驱虫的后续管理，确保驱虫效果安全有效

给肉牛完成驱虫"任务"后，要在第一时间内及时清理残余粪便，或堆积发酵，或焚烧深埋，或尽快清理出养牛场；圈舍内的地面、墙壁、立柱、食槽应用5%的石灰水喷洒消毒，以

防驱虫后肉牛排出的虫体和虫卵再度蔓延，引起牛群寄生虫病的重新感染。

7. 秋季应该给肉牛备足哪些粗饲料？

每年一进入金色丰收的秋季，由放牧或散养方式养殖下的肉牛便要逐渐转为圈舍喂养，以利牛群度过寒冷而漫长的冬季。此时，就要提前为肉牛的冬季喂养进行粗饲料的储备工作，为整个冬季粗饲料的供给打好基础。秋季肉牛粗饲料的储备，依据南北方各地的不同情况进行储存。

（1）牧区尤以要多多备足富余的粗饲料，以防暴雪封门交通受到严重封堵时的不时之需

广袤的草原牧区和农垦区，要根据肉牛数量的多少来储存牧草或青干草；尤其是寒冷异常的边疆牧区，冬季里天气有时会特别的恶劣残酷，如遇牧草储备不足或出现严重不足时，加之再遇上风雪冻害或暴雪封门的状况，出进道路的交通运输肯定受到严重的封堵，草料一旦缺乏必定在短时间内难以及时补给。目前虽说此种情况并不具有普遍意义，但准备不足或是估计不准确的现象还是很多见的。倘若牧草或青干草缺少、乃至整个冬季都供给不足的话，定会严重影响肉牛的生长和长势。

因此，每年入秋前或收秋前后，牧区的养牛者必须把肉牛所需要的牧草及其他草料足量储备，免得冬季恶劣天气时缺草少料耽误事，供给不能扭转局面时会对肉牛的生存严重不利。

（2）冬季北方农区的肉牛养殖，储备青储玉米秸秆是最佳首选

北方农区的肉牛养殖，应根据所在区域得天独厚的资源优势，多多青储玉米秸秆或其他农作物秸秆，利用青储玉米秸秆或储存的农作物秸秆等的粗饲料来养殖肉牛，是目前较为便利实惠的养牛方式之一，值得大力提倡和普及推广。

（3）南方诸多省份要因地制宜，充分备足肉牛所需的各种粗饲料

长江以南的水稻种植区可适当储存稻草、稻壳及青干草等，必要时可以和轧糖厂、果汁厂、食品厂等联系挂钩，购买这些厂家的食品下脚料来养殖冬季的肉牛，此举也是极为不错的选择。

8. 秋季肉牛粗饲料储存的方法又有哪些?

肉牛喜欢进食的粗饲料种类很多，如玉米秸秆、农作物秸秆、秧蔓、牧草和各种青草等，故粗饲料的储存方法同样也有很多种，各地需因地制宜、灵活机动地来完成粗饲料的储存工作。总的来说，各种粗饲料储存的方法不外乎这么几种，有青储、黄储、微储、氨化等的储存技术，各地的养牛者可根据自己具体的需要来完成粗饲料的储存。忙一秋，可保一年粗饲料无忧，这就是粗饲料储存后带给众多养牛者的便利和实惠。

（1）青储玉米秸秆法，肉牛喜食应多多储存

目前国内各地玉米的种植量颇多，而收获玉米穗后的秸秆便是养殖肉牛的上好粗饲料。青储玉米秸秆就是将鲜绿的玉米秸秆用铡草机械铡成段，经车辆层层碾压夯实、密封后就地及时储存的形式，简称青储，可作为粗饲料全年用于肉牛的供给。青储玉米秸秆粗饲料具体的制作方法，后面的章节会有较为详细的专门介绍，这里暂不累述。

（2）黄储玉米秸秆法，储好后的粗饲料肉牛同样乐意进食

黄储秸秆的方式和青储几乎一样，秸秆的储存要求只要是半干的成色就可以；而青储秸秆的要求则是清脆鲜绿，越新鲜越好，这就是黄储与青储的一点点不同，但投喂肉牛后的效果基本是一样的。

（3）微储秸秆法，效果也不错

微储秸秆粗饲料也是个好方法，微储就是在青储的过程中，顺便加入高效活性发酵剂进行厌氧发酵。目前微储中运用最广的是纤维素分解菌类，肉牛进食后便于消化和吸收，对促进生长和稳定膘情十分有利，缺点就是操作起来较为费劲。

（4）氨化粗饲料法，南方较适用

氨化粗饲料的技术主要适宜于稻草、麦秸等含水量较低、木质素比较高的农作物秸秆。此法的操作程序较之上述要稍稍麻烦一些，具体是通过喷洒一定量的氨水进行碱化处理，无形中会增加不少人力和物力。氨化好的秸秆粗饲料为黄棕色，看之成色发亮，闻之有一种糊香味；摸之感觉饲料的质地特别柔软。通过氨化技术手段处理好的粗饲料，一下子便没有了稻草和麦秸原来干燥刺手、没有水分、肉牛不乐意进食、进食慢或进食后咀嚼时间长等的一系列弊病，而是增加了肉牛乐意进食或便于入口的适口性，明显的缩短了进食时间，从而让进食后的肉牛有了更多的趴窝时间。

唯一不足的是，氨化后的粗饲料必须进行妥善的放氨处理，否则肉牛进食后很容易引起氨中毒。但氨化粗饲料的这些处理技术，在增加肉牛对秸秆进食量的同时，还增加了粗饲料中的非蛋白氮源的补充，这对肉牛的健康和生长又是非常有益的。

9. 秋季应该备足哪些养好肉牛的精饲料和添加剂？

一年一度丰收后的秋季，各种粮食作物均已收入仓中或刚刚准备入仓。粮食作物丰收丰裕的同时，更是全年饲料价格稍稍低廉的季节。此时，储存条件良好且流动资金富裕宽松的养牛者，不妨在储存好粗饲料的同时再进行精饲料的适量储备，以供整个冬季的肉牛用料不发慌不犯愁，主要是不用再担心粮食价格的上升或有时缺货的情况。仓库中有存粮养牛者心中才不慌，只需把心思和精力好好用在肉牛身上就行了。精饲料的储备包括能量饲料、蛋白饲料和各种饲料添加剂，养牛女人下面分别简单的介绍一下。

（1）能量饲料

肉牛能量饲料的储备主要以玉米为主。

（2）蛋白饲料

肉牛蛋白饲料的储备，原则上主要以豆粕为主，但也可以用价格相对较低廉的菜籽饼、棉籽饼和棕榈粕等的来代替豆粕。

（3）饲料添加剂

肉牛饲料添加剂的储备，主要是一些肉牛常用的饲料添加剂，如营养添砖、碳酸氢钠（小苏打）、酵母粉和复合电解多维等，用以补充饲料中营养成分的某些不足或些许缺失。

值得一提的是，在购进上述所需精饲料和饲料添加剂时，要充分注意和防止饲料品质的低劣化，因好的饲料才能充分改善适口性或转换的利用率，从而增强肉牛综合的抗病能力，使肉牛不因寒冷而患病提供可靠保障，更为肉牛的安全越冬打下坚实基础。

10. 秋季是半大牛犊及时补栏的大好时机吗？

秋季既是肉牛生长最为旺盛的季节，也是众多养牛场、养牛散户或养牛新手中秋节过后、肉牛集中出栏上市后需要及时购牛补栏的大好季节。每年一经进入秋季，即预示着青黄不接的寒冷冬季将要来临，各地会程度不等地受到粗饲料的限制。在牧草、青草、农作物秧蔓或玉米秸秆、农作物秸秆等的供给接近尾声时，有的养牛基地或养牛场当年出生的半大牛犊需要进行销售处理，好把更多的人力、物力及草料用于抵抗能力相对较强的青年肉牛和育肥肉牛身上，全力以赴地去迎接下一个销售旺季，即春节前后和元宵节这两个消费强劲的节日市场。

（1）不要从弱小牛犊养起，半大牛犊会安全省心很多

秋季购进半大牛犊用于补栏养殖，业内权威人士对购买半大牛犊情况的分析大致是这样的：养牛散户或养牛新手无论从价格上还是总体质量上来说，购进健壮的半大牛犊还是比较合适的，但刚刚断奶或断奶不久的小牛犊就远没有这个购买必要。因柔弱的小牛犊不耐运输、尤其是不耐路况不佳的长途运输，图便宜盲目引进后很容易由于这样或那样的原因，导致引进不久的小牛犊不明患病或导致死亡，故不建议秋季从弱小牛犊开始养起。

另外，对于远途购进半大牛犊的养牛散户或养牛新手来说，还需要注意运输过程或到"家"后的应急综合征，即个别半大牛犊会在长途运输中患有"烂肺病"，一旦运输中不经意染上该病很难治愈，目前该病的治愈率较低而死亡的比例却很高。

（2）慎用双层运输车辆，恶劣天气不要急于启程运输

为有效减少半大牛犊染上"烂肺病"的种种发病端倪，养牛散户或养牛新手需要有挑选经验丰富的同行协助购牛。半大牛犊购买完毕后不要急于找车装运，需要在经纪人家中临时的牛棚里细心观察并逐步调理数天；运输半大牛犊的车辆尽量不要选择双层样式的运牛车，如遇风雨天气或其他恶劣天气，运输半大牛犊的车辆要暂停装牛起运，待风雨停后再运输不迟；途中若遇到大风大雨或暴雨天气，尽可能选择在高架桥或路桥底下暂避急风暴雨，待大风大雨停后再继续前行；特别远的运输途中要充分考虑到牛犊的饮水问题，可将车辆停在停车场、高速服务区或沿途供水点给牛犊适当的饮水；途中千万不要让半大牛犊侧卧或倒地，不然由于车辆冷不丁地急刹车或剧烈的颠簸摇晃，突然晃动时很容易造成牛犊之间的相互踩踏，严重时会造成牛犊肢体的重伤或意外死亡。

（3）半大牛犊运输到"家"后，其冷热饥饱都要做到心中有数

半大牛犊运输到"家"后需要科学喂养，养殖牛犊的过程要无比的精心和周到，每头牛犊的冷热饥饱都要做到心中有数。新到"家"的牛犊要有专门的场所进行喂养，一定要大小分群，防止牛犊之间的恃强欺弱。每天应定时投喂给水，刚到"家"的那几天最好日投喂和供给饮水3次，3～5天可减至每天固定的两次即可。投喂时一定要先投草料后供饮水，要保持饮水的清洁，慎防半大牛犊拉稀下痢、影响膘情。白天可把半大牛犊赶到向阳的围栏露天处，傍晚投喂前趁势将露天活动的牛犊唤入圈舍，进食后就地在圈舍内趴窝休息；阴雨天气时不要把牛犊赶至露天处，待天气恢复正常后再赶出圈外不迟；同时还要搞好牛犊圈舍内外的卫生，勤刷食槽、勤打扫粪便污水，从根本上杜绝疾病或疫病的发生及蔓延。

季节由浅秋向深秋过渡时的天气十分不稳定，时冷时热、时风时雨的天气交替变化的越来越频繁，尤其是秋风秋雨过后外界温度多会下降几度，此时要密切注意牛犊圈舍内的通风和光照。

秋深了、天也逐渐冷了，引进的半大牛犊也早已适应了现在的养殖环境，这时可以把半大牛犊全部进行完全彻底的栓系喂养，人为限制或适当减少半大牛犊的活动量，使其在吃饱、吃好、休息好的情况下进行栓系喂养，为下一步的持续育肥或短期强制育肥打好基础。

（4）半大牛犊转圈养，通风光照很重要

半大牛犊由刚刚到"家"时的散养状态和半散养状态，稳步齐刷刷地转为圈舍内的集中栓系喂养，其养殖密度一下子骤然加大，潜在的疾病或疫病传播的危险性也在增加，但通畅有

效的通风可以在一定程度上降低半大牛犊的发病几率。其次，天气虽然在一天天中冷了起来，温度也较之浅秋时降低了许多，可这些健壮的半大牛犊在0～4℃并不影响生长和正常的发育速度。目前，许多养牛场过分重视肉牛圈舍内一定的保温，使得牛犊圈舍内出现了高温和高湿的不良情况。当半大牛犊圈舍内的湿度一旦超过85%或长期超过70%时，牛犊正常生长发育的速度就会明显下降。因此，每个养牛场在建造养牛圈舍时需要将通风问题考虑在内，通风设施也一定要提前安置好，慎防由通风不畅、浓重的尿酸气味散发不出去，造成原本十分健壮的半大牛犊发病，这样的话可就得不偿失了。

光照问题可以通过养牛圈舍的建造来实现，可养牛散户或养牛新手的养牛圈舍由于投资少的诸多原因，多普遍存在采光不足或通风不畅的系列问题。万物生长靠太阳，入圈不久的半大牛犊更要保证其享有充足的光照和适当适宜的通风，有条件有时间的可在晴朗的天气下，将入圈不久的半大牛犊偶尔牵出圈外来满足自然的光照，此举对半大牛犊的生长和健康十分重要。

正常入圈养殖的半大牛犊其生长速度是很快的，一般约在来年的清明节以后或盛夏来临前，均已达到理想的体重或出栏上市的要求。养牛者的这批肉牛一旦出栏便又腾出了更多资金，此时便可用来进行青年肉牛的购买引进，待稍经几个月的短期强制育肥后，即可集中冲刺春节前后乃至元宵节的肉品市场。

第四节　夏季肉牛养殖的技术要点浅谈

1. 夏季肉牛长癣可以采用"日光浴"式的自然疗法吗？久晒"日光浴"、久不饮水的肉牛会引发死亡吗？

这两个问题，养牛女人在这里合并成一个真实的事件来回答，尽管发生在我身上的事件结局很是令人不爽，说白了就是那种既赔了钱又死了牛的悲惨事儿，但"死牛事件"给我留下的印象却极为深刻、令我难忘。今天我断然记录并公开出来，可以给自己以反省、给养牛同行以真实的启迪，相信大家看过后会同我一样心底阵痛、难以忘却。其次，惨痛的教训是深刻的、也是花钱"买来"的，自己既然遇到了，就要好好总结失败的经验，哪怕是痛苦的丢人的而且是赔钱的，那就更不要轻易忘记了，就像古人所说的亡羊补牢般，只要自己从事了肉牛养殖这一行，就永远不能被困难吓倒，跌倒了更要坚强地爬起来继续前行、永远怀有空杯的心态好好干、苦心经营。不啰嗦了，具体缘由下面我说与大家听。

我养殖肉牛的初期，由于资金和经验的限制，故所养的肉牛数量很少，仅不足20头的样子，就交由前面所说的本家老舅一个人照管。夏日的某天，老舅喂完牛后说家里有事要先回趟家。回家前老舅去我养蛇的院里单独嘱咐说：圈里一个身上看着轻微长癣的牛牵出来了，适当晒晒"日光浴"就会没事的，根本不用打针吃药还带花钱的。我待会儿走了，你勤去那院（我那时养蛇和养牛，是两处一墙之隔、不在一起的独立养殖场所。）瞅瞅，邻近中午的太阳光毒了，就不是啥"日光浴"了，再说牛可不能直溜溜儿的在那儿晒着，得赶紧把牛牵到西墙根底下，那地方通风凉快，别忘了重新放上水，既别把牛晒蔫了也别缺了水，傍晚喂牛前我准时回来，可别忘了啊！老舅那天像有灵感似地，叨唠来絮叨去的，嘱咐了我许多次，最后在老舅不放心的叮咛声中，我笑呵呵的把他老人家"推"出大门，心里还暗自笑道：这老头子真嘴碎，啰嗦的像个没牙老太婆。

说实在的，老舅走后我早把他的话忘得没影了。因平时都是老舅一手替我们精心打理着，很少为牛的事让我们过多操心，加之我们一直居住在养蛇的老院子里，牛场那边除老公外，我平时很少过去的。碰巧那天老公一大早有事外出，老舅就把看牛牵牛的光荣"任务"交由我了。那天我如平常般忙进忙出的，反正就是忘了去那院看牛牵牛。

待到老舅下午归来后，进门第一句话就问我：晒癣的那牛你牵了吗？老舅一问，我顿感脑袋瓜一下子炸了，看牛牵牛的事我早忘到九霄云外了。老舅一看我脸上惊讶的表情，碍于长辈的情面，愣是气得一句话也没说，急急忙忙就去了养牛的那院，我则内疚地紧跟其后，是大气不敢出的那种。进院一看，上午老舅眼里还生龙活虎、只是身上轻微有癣的、无辜的倒霉牛，现在仰面朝天、身体早已僵硬、四根粗腿深得直直的、牛嘴大张着、牛舌头伸出嘴外耷拉着足有半尺长，反正牛倒地而死的场面不堪忍睹，我心一下子就揪了起来，耳畔任由老舅说些啥我都感觉不到了。

"日光浴"晒死生癣牛事件虽早已过去十多年，可时至今日，直至敲打键盘文字录入的此时此刻，我的心仍旧是那么那么的疼，仿佛我就是一个罪犯，犯了自己都不能饶恕自己的罪过。

前车之鉴不能忘记，自那"晒癣死牛"的事件发生后，我"吓"的多次和家人坦白：今后牛和牛场的大事小情，你们可不能指望着我，也别再给我分派任务了，我简直怕了这些肉乎乎的牛。其实这也是我对牛十多年一直"热"不起来的主要原因之一，当然里面还发生了许多令我不愿看到、不堪回首的悲惨"牛事"实例，我也会强忍不爽、本着实事求是的心态，一一展开养牛往事的"包袱"、慢慢抖搂给大家的，为的就是发生在我身上的一些失败经验教训，不要再发生在他人身上了。

噢，言归正题，最后养牛女人再像本家老舅般絮叨几句：夏季肉牛身上有轻微长癣的迹象发生后，根本无需花钱用药治疗，只需牵出圈舍适当晒晒"日光浴"，在有专人陪伴、不能缺少饮用水的情况下，每日晒个大半天，只需饲养员闲暇时替肉牛多刷刷毛，帮其更好的促进血液循环，不消三到五天，肉牛身上轻微的癣症便可不治自愈了，这就是"日光浴"不可小觑的独特威力。

2. 夏季肉牛有热应激反应吗？如有应怎样合理解决？

肉牛在盛夏季节有热应激反应，尤其是养牛散户和养牛新手搭建的各类简易牛棚。因其投资少，直接反应到牛棚上或牛棚顶部的投资更是少得可怜，有的只是仅能起到单纯的挡风遮雨作用，至于有较好的防暑降温效果根本谈不上。所以，肉牛的热应激反应多发生在规模较小、投资简陋的养牛散户和养牛新手之间，而占地面积大、投资颇多的规模化养牛场，由于拥有建筑良好的圈舍则多不会发生，其高大敞亮的圈舍通透性极好，而厚实又隔热的泡沫板顶棚，是防止夏季肉牛热应激的最好"克星"。因此，规模化的养牛场夏季里多没有热应激现象，从根上来说也就没有什么不良反应可言了。

（1）肉牛热应激不可怕，知名养牛专家有高招

国内许多的知名肉牛专家建议：炎热季节，肉牛养殖者需要采取各种有效措施，避免肉牛的热应激。肉牛专家还说：炎热潮湿的天气及通风不畅、高温闷热的养殖条件对于肉牛的生长极为不利。当气温达到26.7℃以上时，通透性不良的圈舍内肉

牛便会发生热应激。同时，如果晚上肉牛的体温还来不及充分降下来，清晨的气温已经达到23.8℃以上时，养牛散户和养牛新手应该在白天给肉牛提供尽可能舒适的凉爽环境，以免热应激的现象继续延续或加重。

另据相关报道称：夏季肉牛的日粮中添加碳酸氢钠，可以使肉牛热应激导致的影响降低到最低程度。碳酸氢钠的用量一般占到精料比例的3.84%～4%。夏季在使用碳酸氢钠时，如果能与柠檬酸同时使用，则效果更会好。值得一提的是：在使用碳酸氢钠的同时，还应注意适当降低食盐的添加量，这样可使肉牛的进食量明显提高。最好让肉牛饮用温度较低的清洁自来水，有条件者可让其直接饮用凉爽适口的深井水，这样也可有效缓解肉牛的热应激现象。

（2）足量供应饮水，也是减少肉牛热应激反应的简单化解方式之一

养牛女人在肉牛的养殖初期也曾遇有这样的情况，眼观肉牛个个热的没精打采，仿佛都集体吞了"安眠药"的样子；也有个别肉多的大肥牛热得直伸舌头、呼哧呼哧地直喘粗气，叫人看着就替它们难受。幸亏饲养员是关系不错的本家老舅，更是养牛几十年、且极有名气的"老把式"。当时记得老舅和我的家人是这样有效化解热应激的：首先我们一致认为水就是最好的降温方式。肉牛通常每天饮用20～30升的水，温度上升后其饮水量也是急剧上升，可增加至平时的两到三倍，个别肉牛饮用的比此数据还要多。光有一日早晚两次给肉牛饮用足够的水还是远远不够的，我们又在中午时分给肉牛再补充一次饮水，我们都认为此举非常有效，且简单易操作。盛夏闷热的高温时节里，连人在有空调的房间里都难以耐受，根本不是自然风那般的舒服惬意，况且是身躯硕大、浑身堆满肉的肉牛呢！

夏季对水需求旺盛的肉牛是绝对不能缺水的。肉牛到底缺不缺水，这里面我还有一个笨笨的、但十分有用的鉴别办法：那就是进入牛棚会不难发现，看似憨厚而又似缺心眼的牛群，一下子发现有人进入其视线内，对水有巨大需求的牛仿佛看到了"救星"，纷纷或急或慢地站了起来，憨厚又可怜地死死瞅着你，眼神里充满了对水的那份渴望和期待。闷热夏季在牛棚遇有此种活生生的牛"囧"图，应尽快给肉牛放水、以解"水荒"。放水后你会发现强势些的健壮肉牛会立即占领更多有水的食槽区域，阻止它身边平时"亲密如友"、此时似"盗贼"的其他肉牛接近，生怕这些水还不够它自己喝似地。这时的放水时间一定要适当延长，需满足肉牛饮水的迫切需求，尽可能的让水分流失过多的肉牛饮足饮够。如此这般这样做，不仅对肉牛的健康十分有益，还是减少肉牛热应激反应的简单化解方式之一。（见彩图18）

如果养牛散户和养牛新手养殖的肉牛在数量增加、而饮水槽、食槽或水食混用食槽没有及时增加的情况下，应在特别炎热的那一段时间里，及时添加若干个铁桶、塑料桶、大盆或橡胶专用水槽，就连废弃不用的浴缸或木质洗脚盆都可以临时充当肉牛的饮水容器。在少花钱甚至不花一分钱的情况下，养牛散户和养牛新手要开动脑筋，因地制宜，想方设法给予肉牛添加更多的饮水器皿，顺利帮肉牛度过热应激的反应期。

（3）对肉牛群适当分散或稀疏，也可减少热应激程度

此季，养牛散户和养牛新手可将圈舍内的部分肉牛，人为的给适当分散或稀疏一下，可牵至凉爽的树荫处或其他阴凉处并供足饮用水，这样做的好处是：圈舍里或树荫下的通风处，肉牛的站立和趴窝空间一下子骤然加大，牛与牛之间的空隙大了，自然会利于通风和散热。紧急情况下，给肉牛身上适当喷

水也可以迅速使其体温降下来，但是一经这样做了，就需要重复持续到天气变凉的时候。虽然，喷水会使肉牛通过蒸发冷却的过程快速散热，但这样无形中可能会减弱肉牛自身适应高温的能力。如果发现圈舍表面干燥十分严重的情况下，人工洒水打湿圈舍也会使肉牛感到很舒服。洒水时间最好在早上肉牛感到不是太热之前，这个时间段着手操作，养牛散户和养牛新手也十分乐意，毕竟不等温度上升后做完这一切，人也可以舒舒服服、安安心心地好好歇息下，不用担心这一天中再热着牛了。

夏季正处于泌乳期的肉牛圈舍应适当降低养殖密度，以利增强空气的流通性，及时清除粪尿和多余的水污，保持圈舍地面的清洁和干燥。给母牛配种时，应妥善避开发情母牛在夏季的分娩期。因母牛的分娩本身也是一种生理上的应激现象，双重叠加的应激反应会直接影响肉牛"母子"的健康和泌乳性能的提高。

夏季正处在泌乳期的肉牛圈舍，一定要高度重视消灭蚊蝇等害虫，让泌乳期间的肉牛休息好；在做好防暑降温措施的同时，再适当降低肉牛养殖的密度，也是防暑降温、减少热应激的有效措施之一。

（4）肉牛养殖有"笨"招，应对热应激同样效果好

夏季如何减轻肉牛的热应激反应，这里我再介绍另外一个简单省钱的应对措施，这个建议仅是推荐给养殖数量没有多少的同行使用。农村、郊区或山区的养牛散户和养牛新手，可以利用当地野草资源丰富的有利条件来节省更多的资金。具体的做法是：在各种野草生长的旺盛季节，闲散的空余时间可适当多储备一定量的干草，在每日2～3"餐"供给肉牛一定比例干草的同时，肉牛每每进食后剩余的粗糙草渣子要及时收集并晒干收储，待到夏季天热时可撒适量于肉牛身子底下，用来给肉牛充当不需花钱、就能发挥好作用的隔热草垫子，使牛贴身接

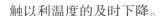

触以利温度的及时下降。

养牛女人的"口水文"至此处，也许有人会疑惑不解了，多数人一般会认为草垫子是用来隔离或应对冷应激反应的，怎会到你这里又起到隔离或应对热应激反应呢？是不是本末倒置、阴差阳错或是出现笔误了呢！大家的猜测都不是，其原理和奥妙是这样的。使用草垫子有助于阻断或扩散太阳光的辐射热，避免干燥的、光光地面在太阳强光照射下骤然温度增加。因此，建议有此条件的养牛散户和养牛新手，可在早上地面仍是凉爽的时候，就可在圈舍里使用不需花钱的草垫子了。铺草后，人们会发现肉牛对此还是十分乐意接受的。而且此招可以两用，特别炎热时可以洒水打湿草垫子，也能使肉牛降温的效果更快更好，这点也是肯定的。只是目前使用多厚的草垫子，才有理想稳定的隔热效果，这些数据目前还不是很肯定，也没有准确的参考数据用来衡量，但原材料属于二次利用，变废为宝、不需花钱且肉牛乐于接受的隔热实例，通过省内外或身边许多养牛同行的多年使用，总体效果还是颇为理想、也是值得提倡或推广的。

对于每日牵牛出进、躲避酷暑的养牛散户和养牛新手，盛夏时应避免在特别炎热的时候牵牛，最好不要在上午10点半到午后最热时牵牛。因此时牵牛走动，肉牛体温可能会增加0.5～3.5℃，与肉牛的健康丝毫无益，这处看似不重要的细节万望养牛同行注意。

小型的养牛场此季应保证圈舍内有足够的空气对流，差强人意时可适当安装强力电风扇，最好在通道上按距离长短多安装几台，以托强力电风扇扇出的风也能够实现圈舍内的空气流通，人为给栓系圈养的肉牛营造一处良好的越夏小环境。此外，夏季由于雨水多，养牛场内易杂草丛生，密厚的植物会直接影响狭窄空间的有效通风，遇有这种情况不能懒惰、耽搁、任由荒草无序的生长下去，要及时砍掉或清除圈舍周围的疯长植被，以利增加空气的多方向流通，尽量扩大凉爽度，此举也可有效减轻肉牛的热应激反应。

（5）饲料中按需添加具缓解效果的药物，人为助泌乳肉牛杜绝热应激

夏季可在每头泌乳肉牛的日粮中单独添加300～350克日乙酸钠，可在一定程度上缓解外界高温对泌乳肉牛性能的抑制作用；其日粮中再添加某些复合酶制剂、瘤胃素、酵母培养物等，均对泌乳肉牛有很好的缓解效果。

此外，一些具有清热解暑、凉血解毒作用的地道中草药，兼有药物效果和营养物质的双重作用，也可有效缓解泌乳肉牛夏季易出现的热应激反应，这些药物有石膏、板蓝根、黄芩、甘草等。在常温条件下，泌乳肉牛多能合成足够的维生素C供自身机体利用；但在夏季的高温条件下，泌乳肉牛容易产生热应激现象，自身相应的维生素C合成能力会有所下降，而泌乳肉牛此季的需要量却随之增加。因此，在炎热的夏季应注意给泌乳肉牛补充维生素C。另外，泌乳肉牛在热应激过程中，维生素C还可以在抑制体温上、促进食欲，提高抗病力。夏季一般可在泌乳肉牛的饲料中添加0.04%～0.06%的维生素C。而维生素E可防止泌乳肉牛体内脂肪氧化和被破坏，阻止体内氧化物的生成，也可防止其他维生素被氧化，还可促进维生素A与维生素D在肠道的吸收。夏季可在饲料中添加正常量3～5倍的维生素E，以此来有效降低泌乳肉牛的热应激现象。

3. 夏季肉牛的防暑降温措施还有哪些？

（1）改善肉牛圈舍的通风条件，有条件者可设置喷淋系统

1）防止太阳光强辐射，减少对肉牛的直接影响。凡事皆

应未雨绸缪，肉牛养殖场的建造更是如此。肉牛圈舍的建造初期，在挑选建筑材料时就应注重建筑本身的隔热能力。有条件的养牛同行可在肉牛圈舍屋顶、配套铺设隔热层或选用隔热效果好的材料。其次，圈舍的周围要适当种植一些高大或开枝散叶较为理想的树木，以此来减少夏日阳光的直接辐射，防止或削弱热气进入养牛的圈舍内。在稳妥改善肉牛场适宜小气候的同时，又起到了绿化环境和美化环境的双重好处。种树虽然可以很好的营造出凉爽适宜的小气候，但总体来说植树的行距和株距都不宜过密，否则也会影响正常的通风。

对于有牵进牵出养殖肉牛习惯的养牛散户和养牛新手，在夏季来临前一定要在运动场上搭架凉棚，也可直接拉上至少双层的遮荫网，但遮荫网的高度应在3米以上，这样可以保持良好的通透性。太阳照射强烈时不要让肉牛在运动场内活动，可将活动的时间改在傍晚和清晨。

为增强圈舍的空气对流，有条件的肉牛圈舍内可以安装吊扇，也可安装大型换气扇和风量较大的大电扇，以利加速肉牛圈舍内气流运动的速度，更好地帮助体型硕大的肉牛散发热量。炎热的夏季不仅白天要及时送风，晚上也要适当送风，尤其是热度还没有消去的上半夜，这对肉牛体热的散发非常重要。夜间肉牛体温和气温的差异相对较大，此时可以缩短送风时间或减小送风量，有利于节约用电。

2）设置喷淋系统，装置水帘式的送风管道。达到良好条件的肉牛圈舍内宜安装间隔式喷淋装置，当通风不足以降低肉牛圈舍内的温度时使用。一般在气温上升到32～33℃以上，而相对湿度达到75%～80%；或高温已经达到36～38℃，相对的环境湿度达到60%～65%时，可选择吹风加间歇式淋水的方法，此举能有效促使肉牛身体快速散热，但一般只有在温度升高至

32～37℃或超过37～38℃以上时才给肉牛淋水降温。

喷淋时应设定好具体的喷雾时间，如喷雾时间一旦过长，造成水浪费的同时又致使圈舍内的湿度过高，不利于肉牛身体的自然清洁。据来自同行先进肉牛场的试验显示：喷淋装置最好每隔5分钟自动喷雾1次，每次持续的时间是3～3.5分钟；同时装有相匹配的风扇，使圈舍温度比不装喷淋装置、只装风扇时降低了1.5～2℃，但带给肉牛的那份惬意舒适感就远不止这些了。肉牛场也可用水帘式的送风管道往圈舍内输送冷空气，效果更是十分的理想，只是此举的造价颇高，不适合一般投资规模较小的养牛场、养牛散户和养牛新手使用。

（2）改善肉牛的饲料结构，适当补充各种微量元素的添加比例

夏季要尽可能多给肉牛投喂青绿多汁的粗饲料，尽可能减少肉牛对干粗纤维的进食量，提高蛋白质和净能量的足量摄取，以此来减少或降低热量的消耗。

夏季还要提高过瘤胃蛋白的比例，粗蛋白的比例此季要占到35%～38%；还应给泌乳期的母牛适当补充金属离子。由于此季肉牛的呼吸和排汗都相应的增加了，常常会引起肉牛体内矿物质的严重不足，应适当增加钙、磷、镁、钠、钾等的比例量，如钾可增加到占日粮干物质的1.3%～1.5%、钠0.5%、镁0.3%，这些金属物质比例的添加看似不多也不大，实则效果快速而突出，作用相当不错且花钱不多。

4. 夏季给肉牛投喂反季节的烂白菜会有致病中毒的可能性吗?

目前，国内反季节蔬菜的种植种类可谓数不胜数，反季大白菜就是其中之一。由于夏季天热的原因，大田或蔬菜大棚及拱棚内极容易滋生各种病虫害，可在人们追求绿色无公害

饮食理念的强烈推崇下，大白菜也是减少了许多高毒高残农药的频繁使用。这样一来大白菜倒是用药少了许多，可包裹大白菜外面的菜帮子也是硬生生的剥下不少，是那种外三层里三层的"不客气"剥法。有不少养牛又种大白菜的养牛散户和养牛新手，看到自己家里或田里这么多的白菜帮白白浪费了着实可惜，集中起来用来投喂肉牛肯定相当不错噢。可有时问题就偏偏出在所谓省钱或沾沾自喜上，毕竟剥下来的菜帮子太多了，短时间内根本无法让肉牛尽快"消化"掉的，其中里面便不乏有一些烂白菜。有的养牛散户和养牛新手即使把菜帮子煮熟了喂牛，肉牛进食后有的照样也会出现患病情况，这究竟是为什么呢？

（1）烂白菜致肉牛中毒后患病的原因

因大白菜中含有硝酸盐，经焖煮或发热、堆放腐烂后就会氧化为亚硝酸盐，肉牛进食后就会出现中毒反应，导致肉牛无故的因中毒而骤然生病，这就是烂白菜害肉牛致病的"厉害"之处和患病原因。

（2）不喂烂白菜或每日现煮现喂好白菜是预防肉牛中毒的好招数

大白菜和其他叶菜类粗饲料一样，一般情况下不建议生着喂给所养肉牛；同时更不提倡投喂给肉牛腐烂变质的大白菜或其他叶类青菜。如果有大量的白菜或上好的白菜帮一定要投喂给肉牛的话，需要提前给予晾晒、煮熟或蒸熟，一定要做到先晒后喂、现煮现喂，千万不能让剩余的熟菜过夜后再行投喂，防止因春末温度高而变馊有异味，肉牛进食了也会出现其他的不良现象。其次，若院内散养或断了缰绳偷跑出来的肉牛，一旦不慎自己偷吃了堆积在家中的些许烂白菜，等发现时肉牛已经出现了中毒现象，可立即按下列方法予以有效的治疗。

（3）肉牛进食烂白菜中毒后的治疗方法如下

1）肉牛出现轻度中毒的　可以灌服5～7个鸡蛋清（50～60个鹌鹑蛋也可以）或纯鲜牛奶500～600克，掺水奶则需要1000～1500克。

2）肉牛出现重症中毒的　要立即给中毒病牛静脉注射1%～2%美兰溶液150毫升，5%葡萄糖1000～1500毫升，10%安钠咖溶液10～20毫升。也可用蓝黑墨水8～10瓶（常见普通的小瓶），加1.5～2.5倍的温水混匀后，缓缓灌喂给因进食烂白菜而中毒的病牛。

5. 夏季（含冬季），应该怎样护理高烧病牛？

肉牛同我们人类一样，一热一冷、温度差异明显的夏季和冬季，如果肉牛病了偶尔也会发发烧或出出汗的，这样的小病小灾对体形硕大的肉牛来说实在不叫病，而肉牛发高烧则不能掉以轻心，拿着高烧不当回事儿。发高烧是肉牛患重病的重要表现特征之一，特别是发高烧的时间过久时，病牛肌体内各个系统器官的功能及代谢作用，都会相继发生相应的障碍或失调，营养和水分的消耗更会随之快速增加，其消化功能却骤然减弱。遇有此况，眼观可见病牛身体明显消瘦，以致引起有碍健康的其他并发症。因此，夏季和冬季对待偶有发高烧的个别病牛，除及时请兽医进行"对号入座"的有效诊疗外，养牛散户和养牛新手还应做到以下"五多"护理法，人工助发烧病牛早日康复如初。

（1）勿如平时健康般随意牵牛进出，应让病牛多多就地休息

养牛圈舍内应保持清洁安静、通风顺畅的良好养殖环境，最大限度的让病牛多多卧地休息，坚决减少牵进牵出的户外活动，以此降低病牛的体力消耗、减少热能的自然产生，让病牛

卧地静养，此法是此时不需花钱的上上举措。

（2）适当让病牛多多饮水，增强新陈代谢或抗病毒的综合能力

肉牛养殖中一旦发现个别肉牛生病发烧后，此时肉牛体内的营养物质会随之消耗过多，导致病牛有口干舌燥、食欲降低，乃致厌食拒食的现象。鉴于此，我们应当让病牛多多饮水，以保证体液平衡或体液水分的及时补充，更好地促使肠道内的有害毒素借助病牛频繁的排尿而排出体外。给发高烧的病牛提供饮水时，一定要注意饮用水的水质清洁干净，此时倘若在病牛的饮水中加入适量的红糖、粗盐会更好，这样会诱惑并吸引着口中乏味的病牛多多饮水，起到增强新陈代谢功能或抗病毒的综合能力。

（3）让病牛多多通风，有利于降低和散发病牛发烧的体温

炎炎盛夏，酷暑难耐，正常健康的肉牛本来就十分怕热，发烧后的病牛同样也更是怕热；尤其是夏季气温居高不下或通风不畅时，可打开圈舍的前后门窗及时地通风换气，以加速空气的良好对流，这样有利于病牛肌体及时的散发热量，对降低病牛高热的体温十分有益。如果是天气压抑闷热的中午至下午3～4时前，可人为开动风机、调控雨帘或大型工业用电风扇送风，以加大空气中气流的通透性和通风量，此举可有利于降低病牛发烧的体温。

（4）给病牛添喂有咸味的上好精饲料，多多补充鲜绿青的粗饲料

发现高烧病牛一有减食的行为后，要适时多多投喂给其新鲜适口、易消化、有营养和有咸味的上好精饲料；同时还要再多投喂些新割并铡成寸段的鲜绿青等的粗饲料，以满足病牛虚弱身体的营养需要，人为助其增强自身综合的抗病能力。必要

时人工灌喂调理肠胃的治疗性中草药，以便快速唤起并增强其食欲。一旦眼观病牛吃料吃草的食量有所增加，则说明病牛的病情明显减轻或大有好转，已然朝着病情减轻和稳步康复的方向"奔"了，充分显示出病愈的前兆和传递给我们的良好"信号"了。

（5）对病牛多多用心看护，通体大量出汗时要及时擦干并保持清爽

养牛圈舍内一旦发现有个别发高烧的病牛，此时一定要额外细心的加强护理，更要有专人轮流不定时的巡视和看护，尤其是那种发高烧的重症病牛，丝毫容不得我们有惰性或麻痹大意。

此外，养牛散户和养牛新手要养成每天早晨和午后两次测量体温的习惯，以便及时掌握病牛的发热类型和体温的具体变化，务必做好体温详细的病历记录。退热后的病牛常伴有大量出汗或通体出淌汗的现象，要用干净的毛巾或吸水性强的废旧衣物及时擦干，以慎防病牛因二次着凉后再次复发。病牛发热期间要密切注意观察，防止病牛虚脱和体温骤降，特别是夏季阴雨天气及冬季大风降温天气或冬季气温骤然下降的夜间，尤其是寒冷难挨的下半夜，一定要提前做好相应的降湿或保温措施，防止病牛因受潮或寒冷而着凉、引发再次感冒发烧而加重病情。严格防止病牛这一病还没好利索又添一病，严重延误病牛的退烧、进食和恢复。

夏季和冬季这两个肉牛养殖较为特殊的季节里，应谨慎应对发烧或高烧的极个别病牛，尽可能做好并完善上述"五多"护理法。只要我们护理得当，发烧或高烧病牛也多数会在短时间内逐步痊愈；倘若发现病牛有继续加重的迹象时，一定不能漠视不管或是让病牛自己"硬撑"着，要再次及时联系经验丰

富的兽医，以便展开进一步的确诊和治疗，直至眼观发烧病牛完全痊愈为止。

6. 怎样谨防夏季肉牛的"水中毒"现象？

实际养殖中，很多动物会出现"水中毒"现象，肉牛便是其中之一。

"水中毒"的含义及发生机理，书本上是这样介绍的：低渗性体液在细胞间隙积聚过多，导致稀释性低钠血症，动物出现脑水肿，并由此产生一系列症状的病理过程，称为"水中毒"。

现实中从事养殖业多年的人都知道，导致"水中毒"的原因有很多，而临床上以一次性饮水过多为常见。尤其是肉牛，因身宽体阔、肌腱发达、肠胃的吸收功能特别好，其饮水量大且速度较快，更容易发生"水中毒"的现象。

肉牛一旦出现"水中毒"的现象，眼观会发现中毒肉牛的精神萎顿、张口呼吸、肚腹膨大、步态不稳、循环失调，严重的会致肉牛昏迷，特别严重的少数个体甚至会引发死亡。

（1）远途新引进的肉牛，勿一次性过量给水

肉牛"水中毒"的现象多发生在闷热的炎炎夏季，尤其是远途运输刚刚到"家"的肉牛。此时的肉牛早已疲惫交加、干渴不已，似有脱水或虚脱的症状，对饮水有强烈的需求和欲望。养牛散户或养牛新手这时绝对不能心慈手软、爱牛心切，立即就满足"渴"牛对饮水的强烈需求，一旦这样做了，这肯定不是爱惜牛疼爱牛，而是"一顿水"的功夫就把牛给祸害了，严重时可能还没养上几天"热乎热乎手"呢！肉牛便因着足足的一顿水，白白喝的"撑"死了。

（2）夏季肉牛"水中毒"的现象，养殖中完全可以有效规避

夏季肉牛"水中毒"的现象的确很可怕，但肉牛养殖的现

实中却有"卤水点豆腐，一物降一物"的招儿，正确避免和操作方法其实是很简单，那就是对远途新引进的肉牛，待卸车全部牵进圈舍、固定栓系好后，牛槽里再放上少许如涓涓细流般的清洁饮用水。"渴"极了的肉牛进入圈舍后，就是喝干了也就那一丁点水，权当先给又累又渴、燥热相加的群牛湿湿嘴儿、润润嗓子，待远途来的肉牛卧地休息1～2小时，再重新放水让肉牛"小"喝一次，给水的数量要稍稍多于上次，也是不能让肉牛一次喝个够。第三次饮水时要稍稍多于第二次。这样对新引进来的远途肉牛，人为的把饮水分为三次，既有效缓解了肉牛的饮水需求，又严格把握了给水时机或给水量，无形中便把肉牛到场后，极易群发高发的"水中毒"现象给生生"撇开"了，人为避免了，养牛散户或养牛新手也就无需"谈水色变"，不用再担心那个传说中令人胆战心惊的"水中毒"现象了。

针对远途新引进肉牛的分次定量给水法，虽然看似颇有些啰嗦，但却极为安全可靠。肉牛只要不是一次性的大量饮水或过量饮水，"水中毒"现象是完全可以避免的，此举更是防止或杜绝肉牛"水中毒"的不二选择。法子虽"笨"，却是屡试不爽，很灵的，谁试谁得益，谁用谁的肉牛安全，养牛女人这里就敢直爽大胆地这么讲。

（3）意外情况导致缺水多时，千万别一次性足量供水

养牛的场所一般多选择在人迹稀少的村庄外面，加之农村不像城里那样供电及时，轻易不断电，就是断电时也会提前好几天发出通告的；而偏僻的农村和落后的山区则不同，由于这样或那样的诸多原因，断电缺水的现象时有发生。这样的情况，一旦发生在喂牛的饮水时间，无疑会直接影响饮水的供给。这种情况频发的地方，养牛散户和养牛新手一定要有自己的蓄水池、储水窖和自动储水罐，保证肉牛每天正常2～3次的

饮水所需。闷热夏季，农村和山区一旦供水不及时，或经常让牛"过"着喝了上顿没有下顿的缺水"日子"，或三三两两地老是因停电而停水，如此反复多次且中间没有"存水"及时补充的话，虽然短时间内看似对肉牛没有影响，但时间久了，定会损害肉牛的肠胃或其他器官，于肉牛健康生长无半点益处。夏季肉牛若缺水2～3天以上时，一次性大量供水半小时后，暴饮后的个别肉牛即开始出现倒地死亡的悲剧，这就是"水中毒"带来的危害所致。

甭管什么意外原因造成的供水不及时，缺水多时后的肉牛见了水会拼命似地一气猛喝，头都不见抬上几下的样子，殊不知这样的肉牛离"死神"已经不远了。缺水多时又一度饮水过量后而死亡的肉牛，死后的状态大多是侧仰在地上，四根粗壮的牛腿伸得直直的，肚腹大且鼓鼓的。经兽医解剖或屠户宰杀后，立马可见心包积液、肠道积水、脑水肿，除个别有轻微的大肠杆菌病症外，多无其他有碍生命的异常现象，兽医诊断为"水中毒"。

（4）肉牛"水中毒"现象尽管来势凶猛，但必要的预防至关重要

肉牛一旦出现轻微的"水中毒"现象时，可立即用"暑解灵"（$NaHCO_3+KCl$），并立刻联系有经验的兽医进行救治，避免中毒症状的进一步加重或恶化，有效遏制不必要的死亡。

养牛散户和养牛新手既然知道了、一次性饮水过量会引起肉牛的"水中毒"现象，那么，对于肉牛养殖中夏季易发的"水中毒"，应该时刻提高警惕，本着预防为主的基本原则，彻底杜绝"水中毒"悲剧现象的发生。

在盛夏时节，养牛散户和养牛新手要特别留意最新的天气预报，注意高温闷热天气的出现。在干燥高温的特殊天气里，

除设法降低圈舍内的环境温度外，还应保证饮水的分次适量供应，切忌高温断水或给水不足。此外，还可在高温天气适当给肉牛投喂含钾盐的精料补充料，以调节和增强肉牛的体质，还可有效避免"水中毒"现象的发生。

特别注解：文中出现解暑降温、调解体液平衡或防止缺少钾盐症的多种药物，各地兽药店均在夏季来临时提前备货，这些药物不仅满足供应且价格低廉。为了使用时的节省时间或取拿方便，做到防患于未然，养牛散户和养牛新手可在高温季节来临前，提前咨询好当地经验丰富的兽医，把廉价有效的防暑或平衡药物早早适当地准备一些，以备急时所需。

总之，炎炎酷日，肉牛的确需要养牛散户和养牛新手的细心观察和精心喂养。本篇限于篇幅没有涉及或及时介绍到的相关措施和内容，敬请登陆养牛女人在阿里巴巴"养蛇养牛女人顾学玲"博客了解，更多有关肉牛养殖、病害防治和养牛中总结的一些"笨"法子及来自市场的最新资讯，我会发布上传的。

第七章 肉牛养殖与饲料质量的优劣密切关联

第一节 肉牛养殖与玉米质量优劣的关联

1. 肉牛养殖多离不开玉米，发霉玉米对肉牛影响大吗？

（1）发霉玉米，带给肉牛的"毒力"危害不可小觑

最近几年由于玉米价格的一路飙升，致使价高质次的劣质玉米大行其道，这其中便包括发霉玉米早已适量掺入到优质的玉米里，如果不加以仔细的甄别或认真比对。

一旦贪图便宜收下了发霉玉米，那发霉玉米中毒素的相互作用，不只是原材料损失的简单相加、而却是经济效益的多倍相乘，即使极少的霉菌含量也可能给养牛人造成无法挽回的经济损失。所以，发霉玉米"毒力"的危害不可小觑。

若养牛同行不慎购入的玉米发生霉变了，无形中会造成养牛场的肉牛群集体发病，由于发霉玉米中呕吐毒素的直接影响，易造成母牛发情配种率差、流产早产、死胎及成活率低等不良情况频频发生，造成的损失无法估计。

由此可见，发霉玉米对肉牛的毒害影响有多大。所以，大量购进玉米时不能盲听盲信，不知根底送货商的花言巧语，应用粮食探测仪、也就是老百姓俗称的粮食探子抽粮查看或逐包验收。除此之外，千万勿把发霉玉米粉碎后再少量掺入质量好的玉米内一起喂牛，这种看似"会过日子"的侥幸心理实则是"败家"的开始，此法万万不能应用，否则迟早会自己毁了自

已和原本健壮的肉牛。

2. 肉牛"不幸"进食发霉玉米后的治疗

一旦发现所养肉牛出现了进食发霉玉米的前兆或症状后，应立即停止投喂霉变的玉米或由霉变玉米混搭的配方饲料，争取在最短的时间内加水灌服硫酸镁溶液400~600克，静注葡萄糖生理盐水500~1000毫升，40%乌洛托品溶液50~60毫升。

3. 肉牛养殖场可以使用电子捕鼠器捕鼠灭害吗？其效果到底怎样？

肉牛养殖场的仓库里多堆满许多待用的肉牛饲料，只要有饲料的场所自然少不了"人见人打、人见人恨"的可恶老鼠。老鼠多了不仅破坏物品，啃食粮食，如玉米、豆粕、棉籽饼、麸皮、棕榈粕等，弄得存放饲料的仓库里一片狼藉，叫人苦不堪言，简直头疼死了。时间久了，令人厌恶的老鼠无形中会以仓库为"家"继续糟蹋饲料。久而久之，被老鼠吃进肚内及糟蹋的饲料可不是一个小数，老鼠的破坏行为令我等许多养牛同行不仅恼火，而且无奈中又头疼不已。养牛期间灭鼠方法不知道用了多少，可效果多很是一般，例如用鼠夹、鼠笼和粘鼠板等捕鼠灭鼠方法，但都效果平平，无法从根本上解决灭鼠的实际问题，直到用上了电子捕鼠器，方觉着消灭鼠害一下子轻松容易了许多。

目前，我的养牛场里使用的电子捕鼠器不仅体积小，携带方便，而且有利于家人携带着在场内随时安放捕鼠。

注：养牛同行若在当地买不到电子捕鼠器的情况下，可与养牛女人联系直接办理邮购。

第二节　肉牛养殖与青储玉米秸秆的关联

1. 青储肉牛喜食的玉米秸秆粗饲料，有哪些应用方面的技巧？

青储秸秆的原材料主要以各地常见的玉米秸秆为主，秋收时节根据肉牛养殖的头数适当用水泥池子或窖子储存起来，待发酵一段时间后直接喂给肉牛，是肉牛全年喜食的粗饲料之一。因为肉牛特别喜欢进食的缘故，养牛女人又亲切的称之为肉牛的美味保鲜"草罐头"。

玉米秸秆青储的方法如果措施妥当、保存完好的话，捧起一把闻之有股清淡清醇的玉米和秸秆混合型的鲜香味；看之泛着青黄颜色，有种老青草的意味，肉牛一旦看到眼睛立马透出渴望的光泽，且头或舌头都做好进食的急迫模样；摸之透着丝丝湿润，拍净手后仍留有鲜玉米秸秆发酵后酸溜溜儿的特有余香。泛着老青、透着青黄色的玉米秸秆经粉碎后收储起来的形式，称为秸秆的"青储"。或多或少的青储玉米秸秆不仅是肉牛喜食的重要草料之一，幽幽粗糙中更是夹杂着养牛人对好日子的美好希望。所以，外行人看似不入眼不注意的青储秸秆，就这么年复一年、日复一日地储存在养牛场或养牛人家的"地盘"上，日日为肉牛提供着必不可缺少的高营养、适口性好的秸秆粗饲料。

每年秋季，运输到家的青绿玉米秸秆应直接拉到粉碎机前，这样可以一边卸车、一边一抱一抱地送入粉碎机里粉碎，来一车便粉碎一车，这样以此类推，卸车间一车车玉米秸秆已经粉碎完毕，无形中自然会节省很多时间和劳动力。

2．青储玉米秸秆粗饲料投喂肉牛时，应特别注意哪些事项？

给肉牛投喂青储玉米秸秆粗饲料时，务必注意以下几个问题，以充分发挥玉米秸秆粗饲料的作用，确保肉牛正常的身体健康，全面提高肉牛的生长性能，尽早出栏上市并获取好的经济效益。

（1）取用秸秆粗饲料前，应认真查看青储的秸秆是否有腐烂霉变现象

优质的青储玉米秸秆粗饲料呈青绿色或黄绿色，初期有玉米和秸秆的混合鲜香味道，但由于发酵时间久长的缘故，则已逐渐变成酸甜气息的混合味道。初次开池或开窖即有浓烈的酒香味或酸梨味，抓握在手中柔软湿润、松开手拍净后不粘手的则为优质秸秆粗饲料。如果青储的玉米秸秆粗饲料变为黑色、褐色或黑褐混合色，且气味闻之有股浓浓的酸臭气或浓淡不等的馊味，抓在手里发黏或干燥粗硬，则说明青储的玉米秸秆粗饲料发生腐败霉变了，此时绝对不能立即投喂给肉牛，应在充分风干晾晒后、闻之不爽气味没有了之后才能喂给肉牛。倘若发现腐烂变质十分严重的，应当坚决弃之不用，以免贪图小便宜而伤害到正常养殖的肉牛，不能为了"心疼"一把馊草烂草而糟蹋了好好的肉牛。

（2）初期要适量投喂秸秆粗饲料，尽快缩短肉牛适应阶段的转换期

对于以前没有喂给青储玉米秸秆粗饲料的肉牛，为了给肉牛一个既好又短的适应阶段，人工帮助肉牛尽早实现肠胃的顺利转换，此期间应根据肉牛的体重来决定投喂青储玉米秸秆粗饲料的数量。投喂初期，应人为克制着尽量少喂一些。以青年肉牛为例，应先从添加半铁锨1000～1200g开始，以后每次逐

渐增加直到足量投喂。也许有人认为更换粗饲料没有必要这么小心翼翼的，粗饲料不同于精料或精料补充料，多喂些应该不会有啥实质性的大碍。其实不然，这种想法或做法都不可取。给肉牛更换粗饲料期间，更得让所养肉牛有一个安全顺利的适应过程，且不可一次性足量或超量投喂，以免造成肉牛瘤胃内的秸秆粗饲料过多、由消化不良引起酸度过大而产生大量的酸气。因过量酸气一旦在肉牛腹中形成，若短时间内大量酸气不能及时排出的话，不仅会影响肉牛正常的进食量，严重时会引起肉牛更多的肚腹不适。

（3）秸秆粗饲料取用要得法，才能确保青储后粗饲料的新鲜和适口

每次取用青储的玉米秸秆粗饲料时，应从一个断面由上到下取用完毕后，再重新扒取新的秸秆断层或断面。以此类推，青储秸秆粗饲料的断面厚度不应小于10厘米，这样就可保证青贮玉米秸秆粗饲料的新鲜品质，使营养损失降到最低点，达到投喂青贮秸秆粗饲料的最佳效果。另外，炎炎夏季取出的青贮玉米秸秆粗饲料，最好不要长时间的暴露在强烈的阳光下，取出后最好随即以散堆的形式，松疏有序的放置在养牛圈舍内的通道处，以供喂牛时取用方便。养牛散户和养牛新手在青储池或窖较小的情况下，每次取完青贮玉米秸秆粗饲料后，应再重新踩实一遍，然后用塑料薄膜盖严，这样做对保证粗饲料的品质和适口性有益无害。

实践证明：粉碎后直接青储的玉米秸秆粗饲料，是肉牛特别喜食的营养粗饲料之一。养牛女人上面所说基本属于极个别的不良现象，根本不具肉牛养殖现实中的普遍意义，望大家不要过多担心、疑虑过度，从而失去对青储秸秆粗饲料的信心，更千万不要错过青储玉米秸秆粗饲料的大好时机，为全天候养

殖优质肉牛打下了坚实基础。

3. 导致青储玉米秸秆粗饲料变质的原因都有哪些？该如何解决？

优质青储玉米秸秆粗饲料的含水率多保持在60%～75%，用来喂养肉牛的确是好处多多，这点毋庸置疑，目前早已得到业界公认。玉米秸秆诸多优良性和营养性肯定没的说；但青储玉米秸秆粗饲料说到"家"它是经过铡草机械铡段，然后堆积碾压密封后发酵的一种良好粗饲料，有时也偶有处理不妥的地方，以至于有的秸秆饲料开始出现腐败和变质的不良现象，此况有时确属不可避免、也又无可奈何，似和"酿醋泛了缸、倒了噈"有一比。遇有此种情况，看似如乱麻般无法处理的问题，实则解决的办法却总比困难多。只要我们找到了致秸秆饲料腐败和变质的原因，尔后再从源头上去有效预防和加以控制，这种"烂草"现象还是可以大大缩小或避免的。下面就玉米秸秆粗饲料在青储中腐败和变质的原因及其解决的方法简述如下。

（1）开青储窖或池后，出现薄层状或片状腐败变质现象的原因分析

有不在少数的由于初期经验不足或操作方法严重不妥，致使有些青储粗饲料打开池或窖使用后，会发现在青储饲料的横断面中出现间隔的薄层状、或间隔小片状的霉变腐败现象，即青储期间的秸秆粗饲料"发花"了。造成秸秆饲料这样的"发花"现象有这么几点主要原因。

1）当季收割的玉米秸秆粉碎入青储池或窖后，因机械碾压或人工夯实的秸秆原料不敦实，加之碾压车辆没有仔细全面的碾压到位，致使粉碎后的秸秆原料中尚残存少量的氧气，延长了秸秆原料细胞中的呼吸作用，同时也在青储池或窖的某一

肉眼不能准确查明的角落里、在不断地积累热量，致使滋生氧气旁边的秸秆原料温度过高，秸秆原料中养分的损失在继续加大；加之抑制乳酸菌等的有益微生物也在推波助澜、促其更加的频繁活动。如此多种原因的一起"助力"下，一度便轻而易举地降低了青储秸秆粗饲料原有的口味和质量，终以部分层次或某个边角的秸秆粗饲料出现了腐败和变质现象。

2）用来铡制青储粗饲料的玉米秸秆必须是没有根茬、没有严重泥土和其他污物污染的，这样经机械铡段后的青储秸秆才会有良好的质量保证。反之，如果将带有根茬或被泥土污染过的玉米秸秆铡段入池或入窖后，很容易导致秸秆原料在储存的过程中发生霉变腐败，给人们造成不应有的草料损失。

3）由于各地玉米品种的差异和不同，有的玉米秸秆中糖的含量较低，这个令养牛者不可预知的因素，也是导致玉米秸秆粗饲料在储存中变质霉变的主要因素。

4）有的玉米秸秆由于错过了最佳的收割期，致使玉米秸秆中原有的水分含量明显减少，此况也是造成秸秆粗饲料变质霉变的另一个主要因素。其实，这种过季收割的所谓玉米"老秸子"，原则上尽管不适合作为青储秸秆的原料，但作为肉牛当天或最近几天喂养的即食草料，发现投喂后的效果还是相当不错的。

（2）青储玉米秸秆粗饲料要避免以上霉变腐败的现象，具体的有以下几点需要养牛同行特别引起注意

1）青储后的玉米秸秆粗饲料，其质量的好坏还决定于玉米秸秆铡段后车辆碾压紧实的实质程度。究其原理来进一步探究还会知道，玉米秸秆铡段切碎是为了车辆碾压或人工夯实，使其成为真正意义上的"草板一块"，最大限度地排压出青储池或窖内多余的残留空气，便于其在全封闭的条件下给乳酸菌发酵

创造良好条件。因用于青储的玉米秸秆铡切地较短，其秸秆本身的汁液便流出较多，这样便为日后发酵的前期、即乳酸菌的"正常运转"提供了完美营养条件，以利全封闭状态下尽快实现乳酸菌的正常发酵，藉此减少或杜绝青储秸秆原料养分的过度损耗，为下一步的安全利用自然也就打好了基础。

鉴于此，我们不难发现，玉米秸秆经铡段后入池或窖后的碾压工作多么重要，这一步可谓关键至极。

2）严禁使用"捂黄"并霉变后的玉米秸秆。严禁那种根茬带有污染物和带泥土的秸秆进入青储池或窖。另外，玉米秸秆在铡段期间的每天里，总会不可避免的有秸秆零散地散落在铡草机械的旁边，倘若被雇佣的所谓勤快人、或"会过日子"的养牛者，再行二次抱入铡草机铡段入池或窖青储的话，这些一天来经车辆碾压和人员无数次踩踏"踩躏"的玉米秸秆，一旦进入青储密封发酵的正常"程序"后，势必会直接影响"近邻"的其他玉米秸秆，这也是致使玉米秸秆霉变腐烂的又一个诱因。

既然已经知道不洁净的玉米秸秆会有如此破坏性的"威力"后，必须将这些机械旁边的秸秆"下脚料"，当日清除垫圈或过筛碎末泥土后投喂给肉牛。青储期间每天产生的"废物"在得到妥善利用的同时，也决绝地把不利因素排除在了青储池或窖外。如此不经意的一点点改变，带给我们的则是优良的青储秸秆。由此看来，有时细节或陋习的去除或习惯使然，也是决定秸秆饲料会不会发生霉变的重要决绝条件。

3）在加工制作玉米青储秸秆粗饲料时，最好不要使用特别水嫩的那种未成熟秸秆。尽管这样的玉米秸秆对肉牛来说有极好的新鲜度和适口性，日常投喂给肉牛发现也十分乐意进食，但太嫩的秸秆由于未曾十分的饱满和成熟，其内含的水分特别高，作为青储秸秆饲料的原材料就不合适了。

因这种鲜嫩秸秆在青储发酵的过程中酸度极大，开池或开窖后极易变质腐烂，肉牛不仅不乐意进食，且对正常养殖的肉牛身体健康十分不利。另外，未成熟的嫩秸秆经机械揉压铡段后不瓷实，简直太"宣和"了，也就是蓬松有余、瓷实和密度达不到的意思。这样的青储原料在发酵中很容易发生霉变，但作为肉牛每日或近几日的粗饲料还是不错的。

（3）青储池或窖的四角、四边及顶部出现腐败变质现象的探究

前面已经多次说过，玉米秸秆必须经铡草机械铡段并入池或窖碾压后，才能进行有效的后续青储工作。开池或开窖后发现边角或顶部有这种霉变现象，究其原因不难发现，秸秆密封后四边及顶部没有很好的压实，其次塑料膜或养殖专用毯子和青储秸秆之间留有一定空间，这些不妥之处均会造成秸秆发生腐烂霉变。

为有效避免或出现这种"烂草"现象的发生，我们应在入池或窖的装填过程中，各个方位都要力求做到碾压结实，密封前最好再人工进行一次地毯式的仔细检查，以便再次核查和落实四周边角及顶部的密实程度，直至确认无误后再全面封闭不迟。密封后要在塑料膜的上面用土压实，土层的厚度在5～10厘米，此举是全面密封青储池或窖的最后一道防护层，可有效弥补个别轻微疏松的秸秆层。因土层的重量以后还会随着秸秆自身的进一步密实而下陷，眼观下落的覆盖土层尽管会起到一定的弥补作用，但万不可把碾压夯实秸秆的"重担"倚重于覆盖层的后期弥补，实打实的车辆碾压或仔细检查才是防止"烂草"现象发生的有效利器。另外，密封青储池或窖的顶部，除先行用质量好的塑料薄膜全面覆盖后，最上面的那层除了用土覆盖外，还可直接使用养殖专用毯进行二次的顶面覆盖。实践

得知，毯子与土层的封闭效果几乎一致，区别点就在于花钱和不花钱的比较，还在于费大力气和省事之间，各有千秋，养牛同行可自行选择。

（4）开池或开窖后发现青储秸秆饲料变质的问题，也就是俗称的"二次发酵"

造成青储秸秆开池或开窖后的这种变质现象，其原因便是青储后秸秆的"二次发酵"所致。"二次发酵"是指经过乳酸发酵后的青储玉米秸秆，在开池或开窖后因为外部环境的骤然改变，一下子引起了青储秸秆的再次发酵。正常青储的玉米秸秆粗饲料，有时会依靠厌氧条件和乳酸发酵后的特殊环境才能长期的保持完好。一旦开池或开窖后便随即打破了原有的厌氧条件，使青储后的秸秆饲料一下子暴漏在空气中，有一部分青储饲料就会因外部温度的升温而变质，出现人们不愿接受的"烂草"现象。

预防青储后的秸秆粗饲料出现"二次发酵"的具体方法是：青储前应确实控制好秸秆原料的含水量，尽量不用或少用含水量较高的嫩玉米秸秆。如果有的地方鉴于青储秸秆原料的条件有限、又必须要使用高水分的嫩玉米秸秆时，一定要将高水分的嫩秸秆人工晾晒一段时间。秋季"秋老虎"般的天气里，嫩秸秆很容易在短时间内蒸发掉多余的水分，采用人为晾晒促其达到60%～70%含水率的方式，开池或开窖后一般较少发生"二次发酵"的情况，即便发生后也较往年"烂草"的程度眼观轻了许多。养牛女人还是喜欢那句老话，尽管人人都说老百姓的功夫不搭钱，可搭上的功夫往往也都没有白白浪费，从"烂草"的程度减轻及时间缩短便说明了这个明显个例。要想拥有质量上好的青储玉米秸秆粗饲料，就从把握好未铡玉米秸秆的质量开始吧。

第三节　肉牛养殖与蛋白和能量精饲料的关联

在肉牛养殖的具体过程中，有的养牛散户和养牛新手为了使肉牛能够快长和增膘，常会投喂给肉牛较多的精饲料，特别是大量添加豆饼、花生饼、大豆等优质蛋白质饲料。那么肉牛日常所需的精饲料中，究竟需要添加多少含蛋白质的精饲料才是最适宜呢？下面养牛女人根据自己十多年的养牛实践做下简单介绍，仅供参考啊！

肉牛养殖的实践告诉我们，分段添加蛋白精饲料的方法较为科学合理、省钱省料，所养的肉牛普遍具有长势快、出栏早、肉质嫩，获利理想、客户乐意接受的事实。多数不同牛龄育肥的肉牛，可按下列五种情况来添加适量的蛋白质精饲料。

1. "架子牛"所需的蛋白精饲料比例，育肥后期为何要适当减少呢？

体重300～350千克的"架子牛"，在圈舍内进行短期强制育肥的期间，蛋白质精饲料的含量应在日粮中的比例要占10%～13%。以后随着"架子牛"体重的稳步逐渐增加，蛋白质精饲料的含量在日粮中配比中的比例，应该适当的有所减少。"架子牛"到了育肥后期时，蛋白质精饲料的含量，只需占到日粮中比例的10%即可。

"架子牛"养殖进入短期强制育肥时不难发现，蛋白质精饲料如果盲目无序地添加过量了，多数"架子牛"往往接受不了，未消化完全彻底的精饲料多随粪便排泄出来，造成不必要的精饲料浪费。遇有年景欠丰、肉牛价格不理想的时候，把"架子牛"育肥出栏后的账目一算，有时会发现不但没有赚到钱，可能还会有不小的亏损。因欠丰年这一块原本微薄的既定利润，无形中被日日不能缺少、但又喂养超标的蛋白质精饲料给白白"糟蹋"没了。养牛业界有这样一句戏言：有账不怕算，出栏一算真完蛋。

这样因蛋白精饲料盲目过量投喂后亏本的实例，肉牛养殖的十多年中我们见得太多了。千万不要盲目提高蛋白质精饲料的比例，有时稍稍欠缺一点并不是坏事。育肥"架子牛"后期的精饲料只能让其吃个七八成饱，牛自身会以饱饮水的状态下就都弥补上了，此举不仅撑不着育肥后期的牛，且对肉牛还没有一丁点伤害，在节省了不少精饲料钱的同时，稳稳的育肥利润无形中也就自然而然的有了，而且还特别保险。

养牛女人最后要说的是：多种蛋白精饲料的价格多颇高，掌握住育肥肉牛恰当的投喂比例，不盲目造成精饲料配比中的无端浪费，对于规模化的养牛场节省下的可不是一星半点，久而久之，准确又适宜的继续延续下来，积攒的可不是一两个小钱啊！（见彩图19）

2. 牛犊所需的蛋白精饲料比例，是要采用多种蛋白质精饲料来进行合理搭配吗？

这里所指的牛犊泛指3月牛龄以前的小牛犊。养牛散户和养牛新手在养殖时应该考虑到，由于牛犊太小，其瘤胃发育和瘤胃微生物区系还没有生长发育的十分完善。因此，牛犊蛋白质精饲料的营养所需与青年育肥肉牛不能相提并论；加之牛犊体内不能够独立合成某些必须的氨基酸。所以，在喂养3月龄以前的小牛犊时，饲料中最好采用多种蛋白质精饲料进行搭配的方式，如豆饼、棉籽饼等。

十多年肉牛养殖的实践中发现：二种或二种以上的蛋白精饲料充分搅拌混匀后，作为小牛犊的蛋白质补充精饲料，就比单喂一种豆饼好的多。因为豆饼中所富含的赖氨酸和色氨酸较多，而蛋氨酸的含量就缺乏很多，如果把这两种蛋白精饲料搭配起来，氨基酸就可以互相补充。如果再配比一些麸皮和苜蓿草粉等含蛋白质较多的粗饲料，发现投喂小牛犊的效果还会更好。小牛犊在快速生长的过程中，身体对蛋白质精饲料的需求增加很快；同时牛犊的牛龄越小，需要精饲料中蛋白质含量的比例就越大，这时其日粮中蛋白质精饲料的比例要占到20%～22%，方能供足小牛犊日常的营养所需，精粗饲料的合理搭配才能助其快速长大。

3. 半大牛犊所需的蛋白精饲料比例，为什么要随着体重的明显增加而逐步降低呢？

半大牛犊多指6～12个月大小的半大肉牛，体重在150～200千克，养殖中用于短期强制育肥时，日粮中的蛋白质精饲料的比例含量，此时应该由以前的20%～22%降至14%～15%。以后随着半大牛犊体重的不断明显增加，日粮中蛋白质精饲料比例的含量，还可逐步降至11%～12%上下，比短期强制育肥中的青年肉牛稍多2%～3%即可。

4. 育肥高档肉牛所需的蛋白精饲料比例，是要比普通育肥肉牛有所增加吗？

规模化的大型养牛场，多会在实际养殖中加大投入，有意增加高档肉牛短期强制育肥的数量。在对优选的高档肉牛进行短期强制育肥时，多会适当增加日粮中蛋白质精饲料比例的含量，一般比普通育肥牛多增加2%～4%，以期早日达到膘情适中、尽早出栏的上市目的。

5. 老龄肉牛的育肥过程，除满足所需的蛋白精饲料外还应投喂能量饲料吗？

老龄肉牛多是些临近上市的淘汰瘦弱牛，快速而又超短期的强制育肥，是上市出栏前养牛场的主供对象。老龄肉牛日粮中的蛋白质精饲料比例的含量，仍是按其营养需要的10%添加即可，只是要人为的多投喂些能量饲料，如玉米、高粱、甘薯干等，促其快速"蹲"膘沉淀、身架不虚而实轴轴的压称，期望卖出个理想的好价钱。

在肉牛的养殖、一般育肥、强制育肥和短期强制育肥过程中，上述分阶段、按牛龄比例添加适量蛋白质精饲料的做法，既有效避免了蛋白精饲料的无端浪费，又充分发挥蛋白精饲料的应有营养作用，在提高肉牛阶段性生长增重的同时，又帮助我们获得了最高的饲料回报和最佳的经济效益。（见彩图20）

第八章 肉牛养殖中的驱虫
与免疫要点

第一节 肉牛需适时驱虫

1. 怎样给肉牛使用正确合理的驱虫药物？

为了有效避免所养肉牛身体内外滋生或寄生的多种寄生虫，人为减少并杜绝肉牛正常进食但长势缓慢或干脆不见长肉的恼人弊病，养牛散户和养牛新手应该定期给肉牛驱虫，促其正常而又健康的快速生长。给肉牛驱虫的药物大多这样使用，养牛女人下面简单介绍一下。

（1）正确选用驱虫药物，以利于达到彻底驱虫的满意效果

在给所养的肉牛选用驱虫药物时，既要考虑到驱除寄生虫的范围，又要选用驱虫范围广、疗效高、毒性低的驱虫药物，还要考虑到驱虫药物的价格问题，就像电视广告里所说的那样：只选对的，不选贵的。很多时候贵的驱虫药未必真好，便宜的照样能够驱虫彻底，关键要选购大厂正牌或养牛同行口碑相传、信誉度高些的驱虫药物。

寄生虫多寄生在肉牛身体的体内外，目前已知有很多种，且以混合感染的形式寄生在肉牛身上。所以在给肉牛定期驱虫时，应当购买或选用低毒高效、广谱杀虫且价格低廉的常用品牌药物，如伊维菌素和阿维菌素等。倘若在购买不到的情况下，应该在当地兽医的指导下，适当配合并应用其他的各种驱

虫药物，同样可以达到彻底驱虫的良好效果。

（2）驱虫药物的用药剂量要准确，为彻底灭杀寄生虫打好基础

正厂出品的各种合格驱虫药物，一般在有效驱除寄生虫的同时，对肉牛都有一定量的毒害作用，这是当前还无法克服的一个世界性难题。所以，养牛散户和养牛新手在使用驱虫药物前，一定要按该产品包装后面的药物使用说明计算准确。既要防止用药剂量过大，避免造成肉牛的药物中毒外，还要达到应有及理想的驱虫效果。那么，在驱虫前必须严格按照预先估算好肉牛的体重规格，按估算记录逐一配给肉牛相应的驱虫药物。只有这样才能达到安全有效、彻底灭杀的驱虫目的。

有些驱虫药物的驱虫效果虽然特别好，但这些药物有个令人不太喜欢的弊病，那就是对寄生虫的成虫有绝好的灭杀效果，对寄生虫虫卵的灭杀效果要差些或者是很差。鉴于此，购买这类驱虫药物，如左旋咪唑，一定要咨询好兽医间隔使用的具体时间。如果购买的确属是这类驱虫药物的话，应在第一次使用驱虫药物后，间隔5～7天、最晚不超过7～10天时，待虫卵已发育成为成虫了，再进行第二次的驱虫工作，这样便能完全彻底的灭杀寄生虫了。这种驱虫药的弊病是要在规定的时间里连续驱虫两次，而非一次就行的驱虫药。

（3）严格把握驱虫时间，空腹拌饲给药的效果同样好

含肉牛在内的大量动物实践证明：空腹给肉牛实施驱虫的效果最好。驱虫时可在清晨喂牛前，把驱虫药物掺入到少量的饲料中并搅拌均匀，眼观肉牛舔食完毕才算驱虫成功；也可在投喂驱虫药物前，人为的在傍晚停喂一顿，这样翌日清晨拌入驱虫药物后肉牛由于饥饿难耐，三口两口的就把驱虫药物连同少量饲料吞入腹中了。

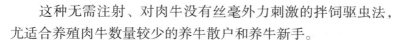

这种无需注射、对肉牛没有丝毫外力刺激的拌饲驱虫法，尤适合养殖肉牛数量较少的养牛散户和养牛新手。

（4）母牛繁殖期间不要乱用驱虫药，待身体恢复正常后再行驱虫

在母牛的怀孕期或繁殖期间，不要使用对繁殖行为有直接影响的驱虫药物，以确保母牛身体和繁育的后代牛犊不受影响。如果必须要及时的驱虫时，购买时一定要仔细甄选孕畜可以安全使用的驱虫药物。假设肉眼查看寄生虫不是太严重的情况下，也可等母牛过了孕育期或繁殖期后，待母牛身体彻底恢复正常后再行驱虫不迟。

2. 规模化的养牛场应该怎样给肉牛驱虫？

有点规模化的养牛场，驱虫方法或时间上均不同于养牛散户和养牛新手的驱虫。到底有哪些具体的不同之处呢？养牛女人以自己的养牛场为实例，就这个问题来做下简单的说明，谨供感兴趣的同行参考。

（1）先给少量的肉牛试验后再大量使用驱虫药，这样做安全可靠更令人放心

我家的养牛场虽然算不上规模化、更不是什么大型养牛场，但每头肉牛都是我的"心头肉"。为了避免重大不必要的损失，我的养牛场会在批量给肉牛驱虫前，尤其是使用多种驱虫药物治疗混合感染时，事前均先进行较小牛群的试验行为，待密切观察肉牛没有异常反应和药物中毒现象时，方才放心展开全面的驱虫工作，这样可以确保大宗肉牛群的安全。

十多年如一日，我的养牛场一直奉行"小心谨慎、先少后多"的"胆小"用药态度，坚持少量试验驱虫后，再按需用药驱虫的简单安全方式。这样做再确保驱虫肉牛安全稳妥的同时，实际上更是决定着养牛场的安全走向。养牛女人认为，这

点十分重要，我也将会一如既往的坚守下去。

（2）驱虫药物尽量选用一次性的，人为减少对肉牛的外力刺激

因着肉牛数量的众多，也为了避免或减少对肉牛的二次伤害，我的养牛场多购买一次性的高效驱虫药物，如伊维菌素等。这样不仅减少了饲养员们的工作量，且对肉牛的惊扰或刺激也就人为的减少了一次。实际操作中发现对肉牛的长势十分有利，丝毫不输给二次药物驱虫后其他养牛场的肉牛。

（3）多在上午把肉牛喂饱后驱虫，这样可以规避或减少驱虫后的副作用

任何新生事物都是一面双刃剑，有些问题的细节不是我等普通养牛人可以操控的。既然乐于接受并喜欢使用这种强力高效的一次性驱虫药物，随着时间的推移、观察或实践中驱虫经验的不断提高，我的养牛场是这样来规避或减少驱虫后相应副作用的。

如此大半饱状态下的肉牛驱虫，在不伤害肉牛的情况下，有良好的驱虫效果也就理所当然了。对此，养牛女人依仗着十多年的驱虫经验，早已经深信不疑、笃信而轻松的为之了。

（4）驱虫时间多选择在春秋两季，正好赶在肉牛进食旺盛季节的来临前

每个人在做事情前，大多都有自己的所谓合理打算，也就是心中无形的"小算盘"，肉牛养殖中的驱虫行为更是如此。给肉牛大宗驱虫时应将时间预算在早春或初秋。此时，因肉牛由于自身强壮、膘厚体健的缘故，加之季节已经过了寒冷期。肉牛在寒冷的冬天，肉牛体内的血液循环不是最佳状态，给药驱虫后的吸收有时不尽人意，故冬季不宜给大宗肉牛集中驱虫，应安排在早春时节才是不错的理性选择。

故建议新近投入使用的规模化养牛场，不要赶在闷热夏季给所养的大宗肉牛驱虫，以免浪费药物还外带"费力不讨好"的种种麻烦，关键是最终达不到理想的灭虫效果。总的来说，夏季驱虫与肉牛、与人都无半点好处，这就是炎炎夏日不要给大宗肉牛驱虫的根本所在。

第二节　肉牛免疫要点与免疫前后的注意事项

1. 给肉牛接种疫苗都有哪些禁忌？

（1）忌盲目接种疫苗，切莫搞成肉牛的"一刀切"行为

给肉牛接种疫苗前，应详细了解所养肉牛整体的健康状况。只有健康且免疫器官机能健全的肉牛，才能对疫苗产生良好的免疫效果。反之，无视肉牛的健康状况而盲目接种疫苗，不但会导致免疫失败，还可能引发本来要预防的疾病呈现加重现象。

肉牛养殖中，尤其在疫苗的集中接种时，万不可有"一刀切"的举动和念头，应本着能接种的自然不能耽误接种，不能接种的绝对不能勉强，以免适得其反，效果不佳。

（2）忌肉牛的免疫空白，杜绝侥幸和省钱的错误心理

养殖中如遇某些从外地购入的肉牛，由于这样或那样无法解释和探究的不明原因，如在不能确定是否已正常接种疫苗的情况下，可先行给所购的肉牛注射高免血清，然后再注射相对应的免疫疫苗。已经注射过高免血清或免疫球蛋白的肉牛，需要在注射2～3周后接种对应疫苗，否则将影响疫苗免疫的正常效果。

肉牛养殖中一定要适时注射免疫疾病的对应疫苗，且不可抱有惰性的侥幸心理，有时花钱和时间均不能省略，以免省下

"小钱"失去"大钱",那样所养肉牛一旦生病会更得不偿失。

（3）忌操作不当，给肉牛注射时应快速而准确

十多年的肉牛养殖实践得知：每种疫苗均有其最佳的免疫途径，任何操作不当都有可能影响其应有的免疫效果。

给肉牛接种油乳剂灭活疫苗时，宜选择其颈部处行皮下注射。注射时用左手（左撇子的养牛同行反之操作）固定住肉牛颈部下1/3处的位置，人为用手把注射部位周围的牛毛朝向外围并尽量压住，然后"针头冲上、看准注射位置后、快速向下扎入"。接种的疫苗一经注入后，要用几个手指头捏住适当的捏一捏，尔后再用手掌将针口处用力揉一揉，此举可有效避免疫苗的外流或外渗，更好的让疫苗在肉牛体内发挥应有的效应。

（4）忌一针到底，群牛共用一"根"针头的懒惰做法

给肉牛接种注射疫苗的针具一定要用煮锅煮沸，也可放在高压锅的蒸格上蒸汽消毒，切勿使用化学药品消毒。因为有些疫苗是弱毒疫苗，化学药品可以直接破坏该疫苗的内部结构，严重的会导致疫苗效价失效。

每头肉牛接种疫苗前，将"圈定"好的注射部位要用75%酒精棉球擦拭消毒，坚持一牛一换针头，切忌群牛共用一"根"针头的所谓"省工省时"模式，以免肉牛产生交叉感染的症状。

（5）忌驱虫和转群于不顾，匆忙间旋即再完成肉牛的接种疫苗工作

肉牛养殖中切忌人为又无用的"瞎赶忙活"，此行为集中表现在为肉牛驱虫、转群倒圈和注射疫苗的三事之间。为了有效防止因驱虫、转群倒圈和注射疫苗，带给肉牛不必要的、三重叠加的应激反应，正确的做法是注射疫苗前，应把驱虫和必有的转群时间人为的间隔开来，间隔的时间至少7～10天。养牛同行切勿"瞎忙活"，忙活活儿的刚刚做完肉牛的驱虫工作，又急

忙忙儿的给肉牛转群倒圈，尔后又集中给肉牛注射疫苗。

在这里，养牛女人说句实在话，养牛同行个个都是不吝啬力气的勤快人，甚至有个别的同行可能为了"赶活儿"或达到尽快挣钱的目的，有时竟然是真的不嫌"累得慌"，无知又无为、不懂"瞎"做的想一气呵成。不管怎么说，心里面都是为了自己所养的肉牛好，可肉牛着实受不了如此接二连三的折腾。这一切的背后无需多想，其后果便是不尽人意，不以养牛人们的意志为转移了。

为避免和减轻在免疫期间对肉牛所造成的些许应激反应，可在接种免疫前的2～3天，给予肉牛电解多维和其他抗应激药物，人为帮肉牛顺利度过接种免疫期。

如情况确实紧急，需对肉牛做紧急的预防、治疗时，可使用特异性高免血清或免疫球蛋白。多数情况下，该操作十分少见，除非突遇重大疾病或大面积的疫情爆发时。

（6）忌反复冻融后给肉牛使用，此举可破坏和降低疫苗应有的效价

现在人们所使用的常见疫苗，一般多是固态的冻干疫苗和液态疫苗。固态疫苗应该保存在冷冻室内，以便维持固态；液态疫苗应该放在冷藏室内，更好的维持液态。

切忌将疫苗在固态和液态间随便相互转变，从而破坏疫苗内的分子结构，导致疫苗应有效价的降低乃至失效。

（7）忌疫苗洒落肉牛身体和圈舍，善后多项事宜要按规定妥善处理好

肉牛集中使用疫苗时，尽量避免疫苗不要洒落或滴落在肉牛身上、走廊过道或圈舍地面上，避免一些弱毒苗在条件适宜的情况下繁殖，甚至变异后爆发成为新型毒种的传染病；所有用过的疫苗瓶子、注射器具以及剩余后的疫苗，应消毒后交由

兽医或当地兽检部门下达的部署作统一的善后处理；废弃的疫苗和疫苗瓶子最好消毒后，深埋或远离于人畜生活无关的偏僻角落和其他安全的地方。

（8）忌用不合格疫苗，免做肉牛防疫彻头彻脑的无用功

肉牛疫苗使用前，必须人为充分的震荡均匀，并仔细检查该疫苗瓶子有无裂缝或瓶盖松动的异常。发现性状有变化的坚决不能使用，有块乳现象、絮状异物漂浮、杂质沉淀或疫苗变色严重等的现象时，均不宜使用，以免引起肉牛注射后的异样发生，避免造成重大经济损失。

（9）忌存放时间过长，疫苗开封后需一次性给肉牛用完

开封开盖或取出已稀释好的肉牛疫苗，最好要在短时间内一次性用完，切勿出现"细水长流"、多日后仍在继续使用的错误做法。

如弱毒疫苗需用生理盐水稀释并摇匀，使用过程中还要不断的充分摇动，稀释后的4小时内争取用完；油乳剂苗使用前应该放在环境室温约20℃内的地方预温2小时左右，使用过程中也是需要充分的摇匀，且应在瓶口开封后的当日内必须用完，残留的疫苗需要按出产厂家规定的要求，做妥善的无害化报废处理。

2. 肉牛免疫后都有哪些不良反应？具体又都有哪些处置方法？

肉牛养殖中的免疫其实很单纯，说白了就是一点也不复杂，根本不像其他动物一样免疫起来没完没了的，整天处于免疫、防疫或用药治疗的紧张状态。根据我的养牛场多年来的免疫行为来看，主要以肉牛口蹄疫的免疫工作为"重头戏"，此项也是肉牛养殖中年年所必有的保留"项目"。肉牛由于自身强健强壮或不易生病的主要原因，只要严格预防好了口蹄疫、或肉牛各个长势阶段的饲料合理配比，一般很少发生重大病害或其

他疫病。

此外，各地应根据地域的具体不同情况，有些地方的畜牧部门会依据应季的详细状况，来妥善安排并发放有针对性的不同疫苗供养牛场免费使用，这就是我们国家政府部门对畜牧业的大力支持，这不是空话一句或是应景般的摆摆样子，而是"实打实"政策扶持、助力肉牛养殖业的健康发展。

总的来说，肉牛的养殖还是相对比较省心省事、容易操作的。下面就集中注射疫苗后的一些药物反应或相应的处置方法介绍如下。

（1）注射疫苗后，应密切观察免疫接种后肉牛的几种反应

一句话说白了，疫苗毕竟不是药物，正常养殖中的肉牛平时是轻易接触不到的，一旦按量注射到相对体重的肉牛体内，个别肉牛有点反应也在情理之中；但随着生物科技的日益发达、畜牧制药业更加精准出新，疫苗注射后的不良反应目前还是比较少见。

只要注射后派专人认真观察，增加巡视牛棚的次数，发现问题的苗头一经"冒"出来便要及时予以应对。只要操作得当还是能够轻易处置的，且安全可靠，不留任何传说中所谓的"后遗症"。

（2）注射疫苗后，肉牛出现合并症的几种反应

疫苗注射后出现的合并症状，主要是指个别肉牛发生的综合症状。这种类型一旦出现多反应的比较严重，需要及时联系当地兽医予以对症药物的系列救治，建议经验尚缺的养牛散户和养牛新手，最好不要轻易的盲目处置，以免延误了正常的救治和治疗。

（3）肉牛免疫接种后，不良反应的不同处理措施

肉牛在免疫接种后如果产生了严重的不良反应，应立即采

取抗休克、抗过敏、抗炎症、抗感染、强心补液、镇静解痉等急救措施，常采用注射肾上腺素等药物来进行有效的治疗。

（4）肉牛注射疫苗前，应将有可能出现的不良反映积极规避"掉"

养牛场在集中注射疫苗前，应提前咨询或临时聘请当地畜牧部门的专职兽医，并与之制定出科学谨慎的免疫程序，选用正厂适宜毒力或毒株的正规疫苗，并严格按照疫苗的使用说明进行接种注射。

注射前的注射器具一定要提前消毒彻底，肉牛注射的部位一定要准确，接种操作的方法要规范到位，接种前的剂量必须适当计算好，千万不能不分肉牛体重来随意注射。

免疫接种前应对肉牛进行整体的健康例行检查，掌握所有接种疫苗肉牛的健康状况。凡处于发病期、精神欠佳、没有食欲、体温不正常、体质瘦弱、幼小年老、怀孕期尤其是怀孕后期的母牛坚决不予接种，待上述这些特殊肉牛身体彻底恢复后再行接种为宜。

肉牛疫苗的存放有严格的专业要求，不然药力会完全丧失或者部分丧失。鉴于此，养牛场最好不要自己提前储存疫苗，应提前和当地的畜牧局（站）或经常有业务"来往"的兽药店联系好，以保证免疫时疫苗的现取现用，这样对疫苗的质量有更好的安全保证。其次，疫苗到场后不要先急于注射，应派专人先逐一对疫苗的保存期进行认真的检查和核对，以免花钱买了过期无丝毫作用的疫苗。疫苗经仔细检查确定无异后，在使用前最好先用一小部分肉牛作接种试验，待过段时间、眼观肉牛无碍后再行集中免疫，这样做方才安全可靠、令人放心。

肉牛集中免疫接种前，避免群牛受到冷水的意外侵袭；更要注意寒冷对接种肉牛的"突然袭击"，以免引起肉牛感冒，耽误了正常的接种工作。因患有感冒发烧的有病肉牛，是坚决不宜接种疫苗的。

（5）肉牛注射疫苗的前后，应该特别注意的几个问题

肉牛免疫前后的3～5天，尽量不要给注射疫苗的肉牛突然更换饲料或大幅更改饲料配方，所投饲料更不要有大波动式的添量或减量，避免这些临时行为引起肉牛的不适感。

另外，刚刚远途运输到"家"的肉牛，由于一路长时间的"奔波"，疲惫不堪的肉牛此时对饮水有旺盛的需求，如果急于接种可能会使尚有脱水迹象的肉牛反应更强烈，也更容易引发意外，这点需要人为的与之避免。此外，肉牛因噪音、惊吓等产生的应激反应，可在其免疫前后3～5天的饮水中，适当添加速溶多维、维生素C或维生素E等，以保健药物辅助调节的方式来减轻新引进肉牛的应急反应，使免疫后的药力得以最好的循环和吸收。

上述如此一天或几天的辛勤"忙活"后，接种免疫后的肉牛便早已恢复至正常。

第九章　肉牛养殖中的防病治病

1. 大蒜能杀菌开胃, 可以用在肉牛身上吗?

大蒜是每个家庭厨房必备的调味好东西, 能杀菌开胃的功效人所共知, 用在肉牛身上自然益处好好。平时的肉牛养殖过程中难免有个小病小灾的, 下面养牛女人将我们用大蒜巧给肉牛治病的法子介绍如下, 仅供养牛散户和养牛新手参考借鉴。

（1）大蒜配明矾, 可预防夏季肉牛中暑

夏季的天气往往过于闷热, 加之养牛散户和养牛新手的养牛圈舍多通透性差, 个别体弱的肉牛保不齐会有中暑现象的发生。一旦遇有这种情况时, 应抓紧用剥完皮的生大蒜20～25头、明矾50～100克共同捣烂, 用凉开水冲匀后给中暑的体弱肉牛缓慢灌服。

（2）饮水中掺入大蒜粉, 可治疗肉牛的食欲不振

针对食欲不振的病态肉牛, 可单独在肉牛的混合日粮里添加10%～12%的大蒜粉, 也可在肉牛单独的饮水桶里加入5%～8%的大蒜粉, 这样可以在短时间内提起病态肉牛的食欲, 促其尽快恢复如初。

（3）大蒜、菜籽油、白酒和萝卜籽, 抑制肉牛的瘤胃积食, 有时一样都不能少

肉牛的养殖中会有个别的牛, 突然会在某个不可预知的时间段里吃起来没完没了的, 仿佛饿死鬼托生的那样, 完全没有了饥饱感, 就知道一个劲地猛吃海喝。规模化养牛场多不

会出现这样的现象，因每头肉牛必定是严格的按照标准喂养，此现象养牛散户和养牛新手一定要注意了，不能由着猛吃肉牛的性子去一味无数次地续添。遇到个别这样可劲儿"造"儿的肉牛，如果不加以定量干扰或适时节制草料的话，很有可能造成该肉牛吃得过量，严重的会消化不了，有胀腹明显的现象出现，即俗称的"大肚子牛"。饱食过度、饮水超标的肉牛因肚子胀大，像两面重叠的大锣鼓似地，不能像正常肉牛那样吃饱了会悠闲地自己趴下，弄个悠然舒适的动作慢慢的反刍倒嚼。

偶遇胀肚子的肉牛时，应用去皮后的大蒜瓣500～550克，捣烂后加入菜籽油（生豆油也可）1000～1200克混匀后灌服，灌喂胀肚牛具体的操作方法同上。

此法应用后，发现一旦效果不太明显时，要再次用去皮后的大蒜瓣500～1000克捣烂，混入200～250克白酒（米醋）给胀肚牛灌服；还可用去皮后的大蒜瓣150～200克捣烂，萝卜籽60～80克研末加入适量麻油（香油），三者混匀后灌服，则效果较之以前更为明显。

经上述用大蒜瓣、菜籽油、白酒和萝卜籽为主的大蒜溶液灌服胀肚肉牛后，饲养员要牵着仍旧肚胀的肉牛溜溜走走。初次溜牛的行走速度不适太快，时间也不要太长，10～15分钟即可。第二次溜牛的速度和时间，较之第一次有所提高；如此经过反复多次后，直到发现胀肚肉牛有粪便排出、口中不再呼出恶酸气味时方能停止。溜走的期间不能让胀肚的肉牛进食，只供少量的饮水，眼见胀肚牛的肚子有慢慢缩小的迹象后，方能少量投喂一些粗饲料。待胀肚肉牛恢复正常后，千万不能麻痹大意，一定得密切注意该曾经胀过肚子的肉牛，不能任其再有过量进食的现象了，以免该牛二次胀肚。

（4）大蒜和明矾、食盐百草配生姜，肉牛肠炎腹泻不要慌

养殖中个别肉牛单纯的拉稀不可怕，但拉稀的时间长，并且眼观其腹部有不时抽搐的现象时，这是肉牛患上肠炎了。此时应用不去皮的大蒜瓣200克、明矾40克、生姜30克、百草霜和食盐各150克，共同投入锅中煎水后给病牛灌服。若该病牛腹泻较为严重、发现粪便中带有脓血时，宜用生大蒜15～20头去皮捣烂，拌入饲料中单独给病牛食用，这样的效果还会更加显著。

2. 母牛胎衣不下时应怎样解决？

健康的怀孕母牛产下牛犊后，均会在短时间内自行排出胎衣，时间约在30分钟至12小时。如果超过12小时了，产后母牛仍没有顺利排出胎衣的话，即被兽医视为"胎衣不下症"。

虽然这种情况不是频繁发生，更是不具普遍性，但偶遇产后母牛胎衣不下时，我们的处理经验是：利用蛇蜕加黄芪多糖注射液的办法，十多年来经数次使用，感觉效果良好，养牛女人现介绍如下。

（1）碎蛇蜕红糖水，可促产后母牛胎衣顺利排出

取整张的大蛇蜕一条，小些的蛇蜕可用2～3条、红糖200～250克，把蛇蜕晒干揉碎成细末，加入用温开水融化的红糖中，水温最好控制在35～40℃。产后母牛因生产牛犊消耗的体力过多，水分和体液流失的过大，有些虚脱的母牛需要及时补充温度适中的水。此时，因着母牛胎衣不下给予提供的碎蛇蜕红糖水，发现产后母牛多会自行饮用，一般需要提供1～2次即可，有效率达85%以上。若1小时后不见胎衣排出的话，可继续按此法再操作1次，无效率仅为2%～5%。倘若2小时左右还不见胎衣下排的话，请按下面的方法再继续治疗，千万不能漠视不管。

（2）黄芪多糖注射液可在提升产后母牛体力的同时，对促

进胎衣排出有显效

如遇胎衣迟迟不下的情况，可以直接给产后母牛注射黄芪多糖注射液，一般用量为20～30毫升，每日1～2次，连用1～2天即可，直至眼观胎衣完全排出为止。

3. 母肉牛子宫脱出或习惯性脱出，养殖中应怎样防治和应对?

母肉牛养殖中习惯直接称其母牛，为了编写和阅读时的不拗口不费劲，下面养牛女人以母牛的称谓展开撰写。

（1）母牛子宫脱出症的发病原因尽管很多，但多因怀孕期间喂养管理不当所造成

母牛子宫脱出症的发病原因尽管很多，但多因怀孕期间的喂养管理不当所造成，如长期投料的精饲料单一，致使合理科学的日常营养跟不上，粗饲料的品质不新鲜且质量差；加之缺乏宽敞合理的趴窝休息空间等，这些诸多不利条件的联合存在，致使母牛身体久而久之"被迫"变得瘦弱无力，进而使其扩张组织松弛，无力固定并收紧子宫，这种现象多在老年母牛和经产母牛的身上出现。

子宫脱出的次因还有个别如：母牛生产不畅时人为的助产不当；产道干燥强烈时因迅速拉出牛犊，手忙脚乱中的粗鲁动作也会伤害到母牛，留下胎衣不下的后遗症；或在露出的胎衣断头处、人为拴系物体太小又重新回缩到子宫等。

另外，少数牛犊的脐带又粗又短，这种脐带粗短的症状，也会引起该症状的发生。此外，因少数母牛有瘤胃鼓气、瘤胃积食、便秘严重、或长久腹泻等症状，也有可能诱发体弱母牛子宫脱出症状的发生。

（2）母牛子宫脱出时的两种发病症状，下面一一道来

母牛子宫脱出时的发病症状，目前已知有两种情况，分为

子宫部分脱出和子宫全部脱出，下面分别说下。

1）母牛子宫部分脱出时的症状 该症状的母牛表现为子宫角翻至子宫颈、或阴道内而发生套叠。眼观母牛仅有不安的神情，也有没有规律性的怒责行为，但努责时似有腹痛或抽搐的症状。母牛子宫部分脱出时的套叠现象，只有通过阴道检查才可发现，肉眼根本不易察觉。

2）母牛子宫全部脱出时的症状 母牛全部脱出时的症状表现为子宫角、子宫体以及子宫颈部外翻于阴门外，且可下垂到后肢关节。脱出的子宫黏膜上往往黏附有部分胎衣和子宫叶。子宫黏膜初露母牛体外时呈红色，以后则变为紫红色或酱紫色，子宫水肿增厚，眼观呈肉冻状，表面因干燥发裂导致流出数量不等的渗出液体。

（3）母牛子宫脱出症的一体化防与治，"窍门"多多

母牛子宫脱出症养殖中虽不多见，但偶遇时也不用过分担惊和害怕。因此症状目前既可以治疗、也可以预防，治疗和预防的多个"小窍门"有如下多种。

1）母牛子宫部分脱出时采用绑缚法予以应对 眼观母牛子宫部分初脱出时，养牛散户和养牛新手一定要加强监管和护理，防止脱出的部位继续扩大及加重受损的程度。已经发现子宫脱出时，要将其尾部用干净的绳子固定在母牛的后肢上，但不能绑缚的太紧，以能固定并也能松垮、小范围的转动为宜；也可用柔软的宽布条捆缚在其后胯上；还可绑缚并固定在其肚腹侧处。

2）母牛子宫全部脱出时整复治疗的应对 发现产后母牛的子宫全部脱出时，要及时让子宫脱出的母牛站立，并将其固定在前低后高、干燥无积水的地方，随后用温度适宜的温开水实施人工灌肠行为。人工帮助子宫全部脱出的产后母牛采用这种

站姿，为的是使其直肠内暂时处于空虚状态，以利灌肠工作的顺利实施。

人工灌肠时，应用温度适宜的温开水与0.1%高锰酸钾溶液混合后，直接冲洗脱出阴门外部子宫表面和粘在周围的污物污水，及时削离并去除残留的胎衣以及坏死组织，再用3%～5%明矾水仔细冲洗干净，水温以不烫手为宜，同时密切注意阴门处的流血情况；一旦流血过多应先使用止血药物。如果母牛的子宫脱出部分呈现水肿，且水肿现象眼观明显时，可以用消毒彻底的一次性针头，直接多次乱刺黏膜并挤压排液；如发现黏膜处有少许小裂口，应及时涂擦碘酊；黏膜裂口深而大的地方，要用消毒好的针线给予缝合，以利破损处尽快康复。

3）药物加护具人为巧妙应对确保脱出子宫及时回位 用2%普鲁卡因溶液8～10毫升，在母牛尾根间隙处实施注射，实行硬膜外腔麻醉。在子宫脱出的部位要及时包盖浸有消毒、抗菌药物的油纱布，用清洗消毒后的手掌趁母牛不努责阴门时，将脱出的子宫托送入阴道内，直至子宫恢复到原来的正常位置。

稍带片刻后，再将二次消好毒的手插入至脱出母牛的阴道内、并人为在里面有意停留片刻，此举可以防止母牛因再次用力努责时、不慎再次脱出体外。同时，为有效防止感染和促进子宫的正常收缩，可顺手在母牛子宫内放置抗生素或磺胺类胶囊，随后注射垂体后叶素或缩宫素60～100国际单位，也可用麦角新碱2～3毫克。最后应加栅状阴门托具或绳网编结的网兜网住阴门，以此确保母牛子宫的再次脱出。

对于有习惯性子宫脱出症状的母牛，可以用细塑料线将阴门作稀疏袋口状的简单缝合，数天后眼观该母牛的子宫不再脱出时，即可给予拆除。拆除时，要用消毒液及时消毒拆线处，以利尽快愈合。

4）老年母牛和经产母牛给予补中益气汤的中药辅助应对　对老年母牛或有习惯性子宫脱出症状的经产母牛，有条件的养牛散户和养牛新手可给其服用补中益气汤，即党参、生黄芪、白术、蜜升麻、米柴胡各32克，当归64克，陈皮、炙甘草各16克，五味子26克，大枣15～20个，生姜3～6片为药引子，经混匀后研磨成细粉，用开水冲调成复方浓药汤，待温度适宜、不烫手时可人工缓慢灌服。该中药配方对抑制老年母牛或习惯性子宫脱出症的母牛，有辅助治疗的积极意义。

（4）母牛子宫脱出症的积极预防，可以使用对症药物

防止该症发生的有效措施十分简单易行，那就是平时的喂养管理一定得全程跟上，勿有三天打鱼两天晒网的粗心养殖模式，发现母牛出现异样后勿麻痹大意。此外，为了防止饲料单一，必要时最好添喂肉牛全价饲料（即肉牛正规饲料厂家出品），力求达到母牛身体的营养均衡。其次，要有效避免母牛趴卧使用休息空间的不足，根据母牛状态适时补充所需的维生素和微量元素等这些综合举措都是预防或发生产后母牛子宫脱出症的有效措施。

值得一提的是：杜绝母牛长期趴卧于前高后低的不良圈位，因这种趴和站的姿势时间久了，致使子宫容易受到腹内压力的影响，最终导致老年母牛或产后母牛的子宫脱出。

为预防习惯性子宫脱出母牛子宫的过度伸张，减少肌肉紧张性的降低，防止产后易发的子宫脱出，可在产后立即给经产母牛肌内注射子宫收缩药，此举可有效防止子宫习惯性的脱出。

4. 甲紫溶液配清凉油，治疗肉牛口腔炎的效果好吗？

养牛女人在多年的养牛实践中发现，尽管肉牛特别健壮皮实，属于那种不轻易生病长灾的大型温顺牲畜，但由于养殖的

数量还算多，每年"过手"销售肉牛数量更多的缘故，发现肉牛的体质和体格，因自身的种种原因也是等等不一的，如个别的体弱或体瘦的肉牛，偶尔有个小病小灾的，养殖中倒也实属正常，根本无需大惊小怪的，像肉牛口腔炎就是其中之一的病例，这病像极了人的嘴巴内生了口疮、有了炎症，此种不算病的小病即便不需要特殊治疗，过上几天肉牛也会自己病愈的；但在肉牛口腔发炎的这几天，如果拿着病牛不当回事儿、不加以及时治疗的话，直接就会影响口腔已经发炎肉牛的进食了。

（1）肉牛口腔炎的症状之一，嘴里会呼出臭气

肉牛集中喂养的好处之一就是，便于及时发现有异样的病牛，如养殖巡视中若有个别进食放不开、神情不自然、咀嚼时小心且缓慢，似有什么东西在肉牛的嘴巴里僵拌着；严重时因口腔僵硬而放不开口角、不似平时正常健康般那样大肆生猛地咀嚼；更有甚者会直接拒食草料，只是喜欢饮水、且有流口水的症状。这样的肉牛，十有八九是口腔内有了炎症，直接影响该病牛原本正常旺盛的食欲。

此时检查该病牛口腔时，绝大多数会发现肉牛的口腔黏膜红肿、口腔温度较平常高且有股臭臭的味道，舌头表面呈灰色或厚样般的黄色舌苔，严重时口腔内积有带少许血丝的白色泡沫和黏附着尚未下咽的草料渣子。因健康肉牛的口腔一定是干净利落的。除此之外，肉牛的全身一般没有其他病状。

（2）肉牛口腔炎的治疗，方法多很简单

肉牛口腔炎治疗方法简单易操作，养牛女人提供两个治疗方法，仅供养牛散户和养牛新手参考。

1）一般口腔炎的治疗　将适量或约5毫升的甲紫溶液倒入小容器内，取适量或1.5克清凉油与甲紫溶液搅拌混匀，用一端缠有纱布或药棉的顺溜且无倒刺的木棒、充分混匀的吸附混合溶

液后，直接涂抹在病牛口腔的病灶发炎处。每天涂抹2～3次，一般进行2～3天即可痊愈。

2）严重口腔炎的治疗　用药治疗前，一定要先将病牛口腔内的泡沫或污物，用1/1000比例的高锰酸钾消毒水清理干净，再将混匀的甲紫配清凉油后的混合溶液涂抹覆盖；亦可把配好的混合溶液装入塑料喷壶内，把喷壶的喷嘴调试成喷射状喷入病牛口腔。这种带有冲刷清洁式的喷射给药，其实更利于病牛尽快恢复健康。喷药次数每日2～3次，3～4天即可痊愈。（见彩图21）

上述方中用到的甲紫溶液，除对绿脓杆菌等口腔致病细菌具有较强的抑制作用外，还具有理想的收敛作用，能有效阻止对口腔黏膜的感染和排出已形成的脓液，使黏膜从里向外尽快收敛康复。而方中的另一常见家庭廉价药物清凉油，更是具有很好的消炎解毒、镇痛散瘀的独特作用，并能有效刺激唾液分泌，促进胃肠蠕动，使病牛在短时间内迅速增强食欲，恢复病前的正常进食。

5. 肉牛蹄部若不幸刺入尖锐异物时，应怎样予以有效的预防和治疗？

肉牛是出了名的大型家养牲畜，体重动辄一吨或半吨多的根本不在话下，它整个身体的重量就完完全全的"押"在四个"皮包骨头"的牛蹄子上。大家试想一下，如果肉牛的蹄子有异样了，可不是微微一笑、淡然无奇、漠然高搁的小事，一经发现蹄部有异可是耽误不得的，一定要及时介入治疗，以期受伤的肉牛早日恢复健康。

可在肉牛养殖的现实中，却总也不是以养牛人的意志为转移的。因着养殖肉牛数量的增多，养牛人操得心可能比牛毛相加的"总合"还要多，如牛蹄子偶有个"三长两短"的毛病也就不在话下、实属正常了。好了，养牛女人就不再瞎叨咕费口舌了，下面说说肉牛蹄部都有哪些常见病害或病害的具体防治吧。

（1）尖锐异物的意外刺入，致使自己散养的肉牛蹄部无端遭受伤害

尖锐异物一旦刺入牛蹄，散养肉牛时这个病因很容易就会发现。那些恼人的尖锐异物，多是牛场内安装门窗或修缮棚舍时不小心遗留下的，在没有得到及时清理或清理的不彻底，致使遗漏的尖锐物被无辜的牛蹄不幸踩中，并由此引发蹄部发炎的"后遗症"。如养牛女人的牛场，前些日子就发生过2起钢钉刺入肉牛蹄子的事。由于使用多年的圈舍需要全部更换棚顶，在提前把棚内的肉牛全部出栏后，方才大胆放心的予以施工或更换。尽管在施工期间的前后，我们对参与人员千叮咛万嘱咐，同时也自认为"战场"打扫的还算干净彻底，可置换棚顶的圈舍毕竟不是新建的"利索"空场子，任你打扫的再干净，可还是遗留了几颗粗细长短不等的钢钉。除2枚刺入牛蹄子上面外，另外几枚却生生刺入清理粪便的粪车轱辘上。没有生锈的新钢钉刺入牛蹄后不久，好在细心的饲养员发现及时，终没有酿成麻烦加损失的惨状。

还有十多年前发生的一件事，至今令我记忆犹新、难以忘却。那时我家刚刚养殖肉牛不久，碰巧价格十分合适，我的牛场便陆续引进一批一百多头小牛犊。由于牛犊们太小、实在不忍心栓系着圈养它们，则一律好吃好喝的直接散放在牛场内，任其在圈舍的内外自由活动。这些小牛犊们由于是成群来到牛场的，"人家"原本都是一个地方的，早就相互"认识"，故没有"认生"或适应新环境这一说辞。反正，到场后没几天的牛犊们可活泼调皮了，经常是几头牛犊"合起伙"来碰碰这里、再顶顶那里的，可是不叫人省心。没几日，就看到几头小牛犊

就像都"商量"好了似地，不约而同的忽然都瘸腿了。有的右前腿瘸了、有的左后腿瘸了，还有的前后腿似乎都瘸了，但更多的是三条腿蹦跶着连跑带跳的多，就是其中的一条腿似乎不敢落地，仿佛着地后就很疼的样子。这些瘸腿后的牛犊们除了"腿脚"不利落外，并不影响正常的进食或嬉戏。我们和饲养员经过仔细的搜寻检查后发现了病因所在：原来是淘气的牛犊们把玻璃窗上的一块大玻璃给顶碎了，落地后的犀利碎玻璃碴刺入牛蹄，才造成了部分牛犊们不正常的突然瘸腿和蹦跶。

（2）尖锐异物刺入后不可怕，关键要给予及时有效的药物治疗

上述所说均是养牛女人的养牛场里发生的两则真实实例，尖锐异物刺入牛蹄的现象一经发生后，关键得及早发现、尽快取出，人为替肉牛干净利落的取出刺入蹄部的尖锐异物，彻底排除病害。因尖锐异物一旦刺入肉牛蹄底部的时间过长，蹄底由于长期接触异物而被腐蚀感染，容易引起局部炎症的发生。若被异物刺伤严重或时间久了，肉牛就会突然间发生跛行或瘸腿，给人一种站立不稳或没法长久固定站立的感觉。

此时若仔细查看该牛蹄底部时，发现多会肿胀出血、蹄部升温，有时溃烂的蹄部可能流出数量不等的污秽液体，且臭味熏天。有时个别体况较好的肉牛，异物刺入后则跛行或瘸腿的症状不是十分明显，只有在眼观到蹄部的异常肿胀检查时，才会骤然发现牛蹄底部有腐烂的空洞及恶臭的脓液。对异物刺伤或刺入肉牛蹄底部时，一定要及时彻底的除去异物，用双氧水或高锰酸钾溶液反复冲洗并按压，随后用浓碘酒消毒，尔后用无菌纱布包扎整个蹄部。若刺入的是长形尖锐异物，则易形成深深的小孔洞，遇有这种情况应用针管反复冲洗，后用浓碘酒复再冲洗彻底，最后用无菌棉沾满消炎药后填塞小孔洞，并把

蹄部受伤的肉牛牵至干燥无一点积水的适宜之处。尤其是患牛的"落脚点"务必避免过分的潮湿，防止污物和不明细菌对伤处的再次入侵，以免给身体尚未恢复的患牛造成二次感染，此点切不可忽略不计。

6. 肉牛沤蹄腐烂症状应如何防治？

圈养肉牛时沤蹄腐烂症状的病因和根由，其实养牛过程中根本无需细细查找原因，养牛女人一句话告诉大家：主因除已经建设好但有缺陷圈舍的多种原因外，次因完全是养牛散户和养牛新手的粗心大意和懒惰行为造成的。

此症状本不在肉牛自身自发的病症之列，也是完全可以杜绝发生或原本就不该发生，刨除了已建好圈舍不好变更的缘由后，其他全由人为的懒惰行为或管理不善所引起。因此，既然养牛了，就必须注重肉牛的养殖细节，根除粪尿堆积成堆的陋习或惰性，坚决避免因圈舍粪污清理不干净造成的肉牛沤蹄腐烂症状。一旦发生了，要尽快找出发病问题的根本所在，及时给予蹄部有异样的肉牛实施有效的救助和治疗。下面就肉牛沤蹄腐烂症状的应对，简单扼要的说一下。

（1）肉牛沤蹄腐烂发病主要有三种原因，具体分析如下

1）相互踩踏的原因　肉牛蹄部由于牛与牛之间占据的空间距离狭窄，没有提供给肉牛独立无扰的宽敞趴卧或自由站立的适当空间，彼此间相互踩踏造成或轻或重的蹄外伤；再者肉牛的蹄部处于隐蔽位置，有时难免疏于发现，直到看见这头肉牛跛了瘸了、那头突然站立不稳了，方才引起人们的注意。只是此时已经晚了，必须立即把蹄部有异样的牛牵至无积水的通风干燥处，予以有效的清创和治疗。（见彩图22）

2）栓系缰绳过长的原因　由于栓系肉牛的缰绳过长，容易使牛与牛之间能够轻易的亲密接触，相互友好舔舐时的无意间

致使蹄部受了外伤。其次是肉牛的集中发情期间，荷尔蒙激素涌动的强烈作用下，也会促使萌动的发情肉牛有时会明显的躁动不安，释放情爱的折腾中蹄部受伤也是在所难免的。

3）圈舍地面污浊潮湿的原因　此症状的发生，多数还因牛棚地面上的粪尿清理不及时、粪尿堆积过多过久容易发热发酵，牛蹄长期处于潮湿发酵的污浊之地，易被带有严重腐蚀性粪尿的侵蚀而引起发病。

（2）肉牛沤蹄腐烂发病的几种眼观症状，具体剖析如下

上述原因之一都会引发肉牛的蹄部沤烂发炎，如果蹄部受了外伤又得不到及时的清理和治疗，则会迅速引起病变症状。该病先从蹄间裂也就是脚趾后面开始，而后向蹄子周围的组织蔓延，直至波及到蹄脚的毛边外，重者可导致肉牛患上关节发炎。

（3）肉牛沤蹄腐烂症状的治疗，千万不能"见好就收"，以免二次复发

1）治疗时针对蹄部症状较轻些的患牛　要用凉开水仔细冲洗干净，涂抹鱼石脂软膏或用10%硫酸铜溶液浸泡患蹄7～10分钟，尔后用洁净的软布包扎整个蹄部。每天涂抹或浸泡一次，连用3～4天。

2）患牛蹄部的皮肤化脓坏死时　在彻底除去坏死组织和脓液后并立即反复冲洗干净，均匀撒布硝铵粉或甘汞粉后，亦是用洁布或无菌纱布包扎整个蹄部。

3）蹄部腐烂的重症患牛　则需要在兽医的指导下进行全身治疗，可用抗生素、磺胺类药物，结合着输液，直至患牛蹄部完全痊愈，千万不能"见好就收"，于不小心中留下二次复发的余地。

（4）肉牛沤蹄腐烂症状的预防，圈舍通风和清洁卫生是重中之重

现实的肉牛养殖中，不要觉着让肉牛吃好喝好就万事大吉、心无二事了。其实不然，肉牛粪便的清理工作一年四季都十分重要。该病在很大程度上由卫生条件差或堕懒所引起，加之发病初期的症状多不明显、不易被人发现。鉴于此，一定要注意粪尿的及时清理和清除工作，只有养牛圈舍内的环境通畅了、卫生搞好清洁了、消毒条件彻底跟上了，此病有时多不治自愈。

由此可见，肉牛养殖中粪便屎尿的定时清理，或搞好圈舍的环境卫生有多么重要了。

7. 肉牛蹄叶炎的病症常见吗？怎样预防和治愈？

肉牛蹄叶炎症状的发生，说句实在话，在目前养牛中极少发生或发现了。毕竟现在肉牛养殖的投资和成本较以往加大了许多，每头肉牛一下子都变得值钱了、"金贵"了，多数养牛人在拿肉牛当"宝贝疙瘩"喂养的同时，早在未曾养牛前多已掌握了肉牛疾病预防的一些大体概念，或多或少的对其了解不少。所以，目前肉牛的此种病况很少发生或只是偶有发生，敬请养牛散户和养牛新手不要过分担忧。

肉牛养殖过程中，肉牛蹄叶炎应该本着"预防为主，治疗为辅"的原则。毕竟肉牛是大牲畜，蹄叶炎一旦发生或病情加重，养牛女人先不说怎样去有效实施治疗，单是从发病的部位看就叫人头疼不已。此病的发炎部位往往着生在牛蹄子或蹄叉中间的缝隙里。眼观发现后，需要先得把病牛的蹄子掀起来，然后固定牢稳了才能下手医治，仅凭这一点大家就知道有十二分的麻烦和不易。

（1）肉牛蹄叶炎症状的治疗方法，宜采用"五步疗法"

一旦发现肉牛的蹄子有病了，必须立即采取合理有效的

治疗方式，千万不能放任不管或一味拖着，如果不及时治疗的话则会更麻烦。肉牛蹄叶炎症状的治疗的方法离不开"五步疗法"，即洗、削、挖、敷、包，下面养牛女人分别介绍下。

1）"五步疗法"之一洗　将病牛固定于预先设置好的六柱形状的固定栏内，用1%的高锰酸钾溶液把病牛发炎的蹄子反复清洗干净，直至没有污物和泥沙为止。

2）"五步疗法"之二削　将清洗干净后的病蹄底部修整削平，为下一步的继续治疗做好充分准备。

3）"五步疗法"之三挖　将削平后病蹄上面腐烂的污物或烂肉彻底挖去，使腐烂的创面腔口形成反漏斗状，目测流出新鲜的血液为止，然后快速把准备好的高锰酸钾填塞到流血的创面腔口，用于伤处的迅速止血。

4）"五步疗法"之四敷　接着用30%～50%的高锰酸钾溶液迅速清洗流血的创面腔口，用柔软舒适、吸附力强的洁物或直接用无菌棉纱仔细擦拭创面腔口。待这一切处理干净后，立马把研成细末的血竭倒入创面腔口内，用烧红的斧形烙铁平铺烙之，使血竭溶化并与蹄部的角质结合。若病牛蹄部的创面腔口较深较大，最好分层烙之溶化，这样做更为彻底，让人放心，且病牛蹄部的愈合时间明显缩短，更利于蹄部的顺利康复。

5）"五步疗法"之五包　处理完上述的这一切后，迅速用无菌绷带包扎并妥善固定好，每5～7天检查一次，如此反复1～3次，多数病牛的蹄部即可痊愈。此间要密切注意绷带有无脱落，若无则无需再次处理，反之要重新实施一次，切莫耽搁。个别如遇包扎后，病变的蹄子处渗出的脓血或腐烂分泌物较多时，可在常规清创处理后，待其伤口处于脱水干皮状或干皱状，眼观干皮起皱的状态明显时，再用血竭烙之封闭，这样做不仅不会浪费药物，且节省了人力和时间，此举更利于病牛蹄部的尽快恢复。

（2）肉牛蹄叶炎症状的预防方法，养殖中应多管齐下

肉牛养殖中为有效预防或杜绝"恼人"蹄叶炎症状的发生，一旦发现有该病症状的丝毫"苗头"后，应经常用消毒药水如高锰酸钾、84消毒液的勾兑溶液（按所买消毒药物具体的兑水比例即可）等，把喷雾器的喷嘴调成有力的射水状喷洗牛蹄和蹄叉，每日清洗2～3次，最好隔日再实施一次，眼观症状没有了再停止喷射消毒。

夏季的养牛圈舍要注意通风换气，健全防暑降温措施，保持凉爽，人为减少有害病菌的繁衍和滋生；冬季亦要注意肉牛圈舍的保暖性和通透性，不能有长时间的低温高湿、甚至结冰高湿的恶劣现象出现。因这些平时看似不起眼的，仿佛与养牛章程不相干的细节，其实都是有效预防肉牛蹄叶炎发生的有效途径。

8. 初产牛犊患有大肠杆菌病都有哪些症状？具体应怎样治疗？

初产牛犊的大肠杆菌病，又称为牛犊的白痢和下痢，就是人们常说常见的牛犊拉稀、拉肚子或拉血肚子。该病是由大肠杆菌引起的、初生牛犊常患的一种急性型传染病。

大肠杆菌病只要经消化道传染，就会危害到哺乳中的初生牛犊，尤以哺乳期未达到7～10日龄的牛犊多发。个别初产牛犊由于母牛孕育期间的种种原因，导致落地时的牛犊个体小、抗病能力差，经不起无孔不入大肠杆菌的肆意侵袭。养牛过程中遇到初产牛犊患有此病实属正常，如果遇到了切莫慌张，应尽快予以药物治疗，尽可能促其早日康复。

（1）初产牛犊患该病的症状明显不一，发病类型具体有如下三种

初产牛犊患该病的临床症状主要以腹泻、拉稀为特征，具

体又分为肠炎型、肠毒血型和败血型等三种发病类型。

1）初产牛犊肠炎型发病的具体表现是　多发生在10日龄以内的初产弱小牛犊，腹泻时粪便的颜色先由白色后变黄色带血便，闻之恶臭，眼观牛犊身体日渐消瘦和虚弱，且病犊有怕冷畏缩的外观特征。这些症状一经出现而又得不到及时对症治疗的话，病犊可在3～5天脱水后倒地死亡。（见彩图23）

2）初产牛犊肠毒血型发病的具体表现是　该病程除有上述表现外，还有发病急促、症状明显加重、死亡时间短的弊端，不容有少许的多余耽误，一般最急性的2～6小时便会倒地死亡。

3）初产牛犊败血型发病的具体表现是　眼观病犊精神忧郁、食欲减退或干脆废绝、心跳加快、黏膜出血、关节肿痛并伴有肺炎或脑炎等的一系列症状；用手触之感觉其身体发热，此时的病犊体温多在40℃；出现严重腹泻，粪便多由浅黄色粥样变为浅灰色水样或水渣样，同时混有凝血块、带脓血丝和大小不等的气泡等，且恶臭熏天；观察时可见病犊初期的粪便排泄能自行用力，随着病情的加重后变为自由淌出，污染大片后驱及尾巴，最后高度衰弱，卧地不起，此种状态下病犊的死亡率高达80%～100%，其严重性丝毫不容小觑啊！

（2）初产牛犊患该病的治疗方法有多种，具体选择可因地制宜

该病总的来说不是难以治愈的绝症，关键之点贵在早发现早治疗。目前治疗该病的方式方法还是多种多样的，对症治疗的药物更是多的数不胜数。下面养牛女人简单介绍几种主要的治疗方法，仅供养牛散户和养牛新手参考。

1）口服5～10克次酸秘或50～100克陶土或10～20克活性炭，还可给病犊进行灌肠、以利及时排出肠内滋生的有毒物质，这几种治疗方法效果都不错，建议不妨按需选用。

2）口服痢特灵予以有效治疗，可以按病犊每公斤体重3毫克，每日早、中、晚各一次，连服3～4天即可痊愈。

3）肌肉注射土霉素、链霉素和新霉素，用量按体重每公斤10～30毫克，每日2次，连续注射3～4天可愈。

4）静脉注射5%葡萄糖盐水500～1000毫升，并加入碳酸钠或乳酸钠。为了促使病犊尽快康复，养牛实践中有的场家还会采用"母子同治"方法，在按时给病犊治疗给药的同时，顺便给母牛静脉注射200～300毫升，其效果会更好，此举会更利于病犊的痊愈和健康。

（3）预防初产牛犊患该病的不二选择，"递上"初乳非常之重要

初产牛犊易患的大肠杆菌病，养殖中应该预防重于治疗才是上上策。因此，养牛女人建议养牛散户和养牛新手要从致病的源头抓起，养成每月3～4次、坚持用2%～5%来苏儿水或福尔马林经常消毒圈舍或场地的好习惯，尤其注意养牛圈舍的清洁卫生、干燥通风；同时更要加强对妊娠母牛的临产管理。发现母亲有临产迹象前，要先用温肥皂水清洗乳房和周围的不洁污物，再用淡盐水清洗一次，然后用吸水性较强的毛巾或其他棉质物擦拭干净。

牛犊一经产出并顺利落地后，待母牛舔舐牛犊身上的体液干净了，初产牛犊能自行站立后，应尽早人为手把手地帮其"递上"初乳。看其第一次吸吮母乳正常后也不要掉以轻心，最好有专人密切看护或精心管理。一旦发现初产牛犊出现异常拉稀现象后，要立即隔离，将病犊牵至或抱至干燥的房间内，达到冬要暖和、夏要凉爽的喂养条件，杜绝其乱饮污水，以减少病原菌对病犊的再次入侵，同时要加强护理并实施有效的药物治疗。治疗期间还要按时让病犊吃上初乳，只要方法得当、

没有丝毫人为方面的耽误，此病是不难治愈的，康复后的牛犊多在3～4天，便可重新回到母牛妈妈的身边。

9. 初生牛犊落地后都有哪些不良症状？应该如何治疗？

（1）牛犊窒息性假死症状出现后千万不能耽搁，人工呼吸有时至关重要

在临产母牛出现难产现象时，牛犊在母体中因黏液和羊水长时间的堵塞，极易出现窒息性的假死状况。

1）牛犊窒息假死的程度轻微时　眼观会发现呼吸微弱而急促；窒息假死的时间稍长些的，明显发现黏膜发绀，舌头垂至口角外，口鼻内充满羊水和黏液，心跳和脉搏稍快而微弱。

2）牛犊严重窒息假死时　牛犊则出现呼吸停止，黏膜苍白，全身松软，用手触之本能的反射条件偶有消失，有时会触摸不到脉搏，只能听到微微弱弱、没有活力的心跳，呈标准的窒息性假死状态。

上述此状一经发生后，养牛散户和养牛新手决不能耽搁片刻，应立即进行人工抢救。首先，用事先备好的消毒纱布擦去牛犊口腔、鼻腔内的黏液和羊水；同时用柔软的抹布或洗净后人们不再继续穿用的棉质秋衣秋裤擦干其皮肤；并用软一点的草渣末子或青储秸秆反复仔细的摩擦其外部，尤其是整个腹部，这样可以人为有效的促使牛犊腹脏引起呼吸运动。

3）对牛犊进行人工呼　如此操作结果无效时，我们也不要轻易放弃，应对牛犊进行人工呼吸。具体的操作方法是：先将牛犊摆正仰卧于便于操作的通畅空间里，一人站在牛犊前面用两手各握住一前肢（腿），做两前肢（腿）互相交叉和张开动作，简称"张合运动"；另一个人将左手拇指放在牛犊腹部，另四个手指放在其胸部，与两前肢（腿）动作相应：两前肢（腿）张开时用手指按压，两前肢（腿）交叉时将手指抬起。

俩人或多人协同进行人工呼吸的同时，还可使用刺激呼吸中枢的药物，如山梗菜碱5～10毫克，尼可刹米25%油溶液1.5毫升或四苏贡2毫升等。多管齐下的对症作用下，一度呈现窒息性假死状态下的危重牛犊，多会脱离危险、远离死亡，恢复正常了。

为了更好的让养牛散户和养牛新手记住人工呼吸的手法，养牛女人特将此套牛犊救助动作编成顺口溜，以便大家熟记于心，一旦应用时不至于乱了手法或具体的按法。人工呼吸抢救牛犊的口诀是：

人工呼吸救犊命，
二人操作要协同，
前腿张开手按压，
两腿交叉手抬起，
抬压之间虽相反，
步调一致牛喘气。

（2）初生牛犊易便秘，腹部保暖胜似药物治疗

此症通常指牛犊在出生后的24小时内没有自行排出粪便。眼观这时的牛犊会表现出神情不安、勾腰拱背、用力翘翘尾巴、使劲做出要排泄粪便的样子，只可惜这一切往往都是徒劳的，牛犊最终也没有排出关乎生命的"那一泡"粪便来，这便是牛犊出现了便秘现象。便秘状况严重时，牛犊会出现间歇性的抽搐腹痛、食欲不振、脉搏快而弱，有时还会通体出汗。

发现此况后，就要及时应对初生牛犊的便秘症状，要立即用温肥皂水给予灌肠，人工促使其粪便变软融化，以利短时间内顺利排出。此状还可缓缓灌入直肠生植物油或石蜡300毫升，最好人工辅助再上上热敷和轻轻用手反复按摩腹部，尔后再用

大毛巾、养殖专用棉毡或废弃不穿的衣物等包扎其腹部，利于牛犊腹部的保暖，对减轻或缓解其腹痛效果显著。

（3）牛犊拉稀症状严重时，更换"代乳妈妈"是不错的选择

牛犊拉稀的病症在初生牛犊间发病率高，尤其是母牛奶水不足或牛犊不能站立、无法自行完成吸吮初乳的情况下，需要给予人工灌喂母乳时。尽管我们灌喂的十分及时，但终归不如牛犊自己吸吮的效果好，如此情况下其拉稀的发病率更高。拉稀现象一经发生，轻者会影响牛犊正常的生长发育，病情继续延续并加重时可致牛犊出现死亡现象。

具体的防治方法是：拉稀状况较轻的牛犊，可及时喂服胃蛋白酶、食母生、乳酶生等助消化药物；对抽搐式腹疼、剧烈腹泻、排水样便或水渣样便的、但闻之无特殊腥臭味的病犊，应选用次硝酸钠、鞣酸蛋白、磺胺脒、痢犊灵、黄连素等止泻药；对有特别严重症状的拉稀病犊，要及时给予静脉补液，并配合碳酸氢钠、维生素C等解毒药物治疗；因母牛乳房炎或其他不明炎症等疾病引起并导致初产牛犊拉稀的，应在及时治疗母牛疾病的同时，最好给牛犊更换健康而又处于正常的泌乳母牛，临时或长期做为该牛犊的"代乳妈妈"；还可选择其他乳水丰盈的泌乳母牛，手工挤出奶水来灌喂牛犊或供牛犊自行正常的饮用，直至逐渐供给到断奶期。

遇有此种情况时，我们常试常爽的做法是：由接产和助产的2~3位饲养员，联手将病犊抱至或赶至代乳母牛的腹下，人工引导或辅助病犊顺利吃上"代乳妈妈"的乳汁。只要保证初生牛犊吃足3~4天的母牛初乳，拉稀牛犊有望健康的生存下来，且此举的把握性极大。

10. 断奶前后小牛犊患球虫病应该如何预防和治疗?

2012年的7～9月份,某养牛场眼观所养的小牛犊有的会突发性的出现拉稀并伴有血痢现象,且发病症状多为先急后重,个别发病严重的小牛犊会突然的急性死亡,经解剖发现直肠有出血性炎症和溃疡为主要特征的病灶情况;再经当地兽医仔细剖检和畜牧站实验室显微镜分析,多方共同诊断为小牛犊患有球虫病。

(1)发病的情况和趋势,断奶前后的小牛犊易患球虫病

多数养牛散户和养牛新手,由于资金的缺乏或起初不想有较大投资的普遍心理,往往喜欢从刚刚断奶、像大狗一般大的小牛犊养起,来进行自己的养牛生涯或日后的肉牛育肥。

1)牛犊患病的前因　刚刚断奶或还未断奶的小牛犊辗转远途来到几百、上千公里外或更遥远的异地,到"家"后便一下子进入了集中喂养的圈舍内,小牛犊由于旅途的疲惫不堪还未曾彻底消去,加之养牛散户和养牛新手的喂养管理不是十分的稳妥和到位,养牛技术缺乏下既不重视应有的消毒行为,导致专门喂养小牛犊圈舍内的卫生状况普遍较差,还有小牛犊晚间跑栏离圈"找妈妈"的现象比较严重;期间又一味投喂未铡寸段的整株鲜玉米秸,个别的会有一搭没一搭的搭配少量精饲料。这种粗粗喂养情况下的小牛犊生长状况一直不理想,购买源头和当地气温之间变化所引起的水土不服等等的诸多因素,当然还会有许多不可确定的不明因素,加在一起便会导致许多小牛犊拉稀不止并伴有更加糟糕的血痢现象。

如果此时应用的治疗效果一直不对症或管理跟不上的话,患病的小牛犊拉稀严重时粪便中不仅捎带着血液样的稀粪,其体温还会略有升高,有的会达到40.1～40.5℃。有病的小牛犊此时精神会严重不振、眼光无神、食欲减退、不爱活动,后期

排拉血色粪便的状况更为严重，大片后驱和尾巴污染的不堪入眼。倘若得不到及时治疗会发现陆续有小牛犊在发病，给人一种此病似乎有传染性的感觉。

2）初期易误认为是胃肠炎　远途引进到"家"后不久的小牛犊，从第一头起刚刚开始发病时，养牛散户和养牛新手往往误认为是急性胃肠炎，起初多数是照急性胃肠炎的治疗思路来用药的。在此种治疗方法感觉明显不妥时，小牛犊们的病情已经不好控制了，后期必然会造成小牛犊的连续死亡。一旦发生这样不可预见的恶劣情况，再经胃肠炎用药2～3次发现确属无效时，应抓紧请兽医确诊并改变治疗思路，应用驱球虫的药物加以治疗和控制；而有经验的养牛者往往会预防性的给小牛犊轻微用药，一般多会用到磺胺类药物来有效控制或提早预防；小牛犊也多数不会发病或发病后基本上得到了有效控制，使病情在对症的药物治疗下一天天减轻并逐渐痊愈。

（2）小牛犊到"家"后不久，患球虫病的几种眼观症状

1）小牛犊最急性型的患病症状　眼观好端端的小牛犊突然间拉了一整天的血痢，第2天发现早已经倒地死亡了。虽然这种情况目前较为少见、只是偶有发生，但确有此病例的存在，基本没有救治或保命的时间。

2）小牛犊急性型的患病症状　小牛犊患病的初期多精神不振、体毛凌乱、体温略高或正常多在39.8～40.5℃，有拉稀便、排血痢的不良现象出现；且粪便中捎带着些许血液和黄色的泡沫状物质，此时可见患病的小牛犊有饮水增加的情况。

3）小牛犊慢性型的患病症状　患病的小牛犊由急性型耐过后转为慢性型的，其拉稀、下痢和贫血现象虽看似稍有好转，但病犊会有反复发作的症状迹象，给人一种时好时坏、时坏又时好的感觉，好坏的断续间依旧眼观发现其身体消瘦、食欲不

振，且生长颇为不良，有的病程可长达45天至2个月有余。

11. 肉牛泄泻的中医辨证，怎样有效组方予以及时治疗？

肉牛养殖不仅可以是大手笔大投资的规模化养殖，广袤的农村或偏僻的山区更是零星喂养肉牛的绝好地域，加之有世代养牛的良好习俗或坚实基础，尤其是空巢老人或劳动力尚可而又不想外出务工的中年人，利用自家院落偏房改造的圈舍养上几头或几十头的肉牛，以此赚个不菲"零花钱"的也是大有人在，有的地方竟然形成了连片喂养肉牛的好现象，像著名的肉牛带基地东北三省就是这样发展起来的，其中不乏政府职能部门的大力支持和政策上的倾斜。养牛散户和养牛新手依托肉牛养殖来发家致富的目前不在少数，这样不仅可以减轻儿女的经济负担，更重要的是这些人有了自己的用武之地，在辛苦忙碌的劳作中获得了满意的经济回报，这就是庭院养殖的乐趣所在或肉牛养殖前景看好的可行可为之处吧！

养牛散户和养牛新手零星喂养肉牛还有一个最方便的实用之处，那就是房前屋后、田间地头、荒山野坡不需花钱的应季中药材特别多，在满足所养肉牛对青绿粗饲料日常需求的同时，唾手可得的好多中药材用于肉牛泄泻病症的防治还是十分方便的，下面简单介绍一二，以供有条件者参考使用。

（1）肉牛泄泻病症就是拉肚子，可分为四大症状

肉牛泄泻病症其实是中医临床的专业术语，养牛女人用一句话说白了，那就是个别的肉牛像人一样"一口子"东西没吃着、或身体稍弱稍瘦的肉牛受潮了、着凉了、拉稀了，只是属于稍稍严重而又不能在短时间内不治自愈的那类。眼观主要以病牛排泄粪便的次数明显增多，且经仔细分辨没有掺入尿液污水之类而呈稀薄状态的，甚至排出水样大便为主要特征的一种常见拉痢病症。根据病牛发病的不同原因，中医在临床上又将

其细分为冷泻、热泻、脾虚泻、伤食泻等四大泄症，下面一一介绍如下。

（2）肉牛出现冷泻病症的发病症状，治疗方法可参考下面

1）发病症状　病牛发病较急，常见鼻寒耳冷，口唇淡白，舌津滑利，脉象沉迟等症状。

2）治疗组方和用药原则　主要考虑温中健脾，利水止泻的治疗原则。药物可选用胃苓汤，即苍术45克、厚朴40克、白术50克、陈皮30克、炮姜65克、官桂30克、猪苓45克、泽泻40克、炙甘草20克、大枣15克，水煎冷凉后缓缓给病牛灌服。对食欲不振的病牛外加麦芽50克；眼观腹痛的病牛要加木香30克，干姜30克。

（3）肉牛出现热泻病症的发病症状，治疗方法如下方面

1）发病症状　眼观病牛精神不振，低头耷耳，行走无力，食欲减退，反刍减少，口渴喜饮，口内燥热，口津黏稠而少，口色赤红，小便短黄，排出的粪便呈现棕褐色和黄色并带大量泡沫，其味恶酸腥臭难闻，有腹痛抽搐现象，脉象不齐。

病牛发病严重时可见食欲废绝，反刍停止，眼窝下陷，精神极度沉郁，鼻镜干燥，体温升高，呼吸加快，口色赤紫，脉细无力。

2）治疗组方和用药原则　应本着清热燥湿，凉血解毒、止泻止痢的治疗原则。药物宜适用葛根芩连汤，即葛根45克、黄芩45克、黄连30克、马齿苋60克、滑石30克、白头翁45克、黄柏30克、金银花45克、甘草20克，水煎服冷凉后给病牛饮用。

发现腹痛连带抽搐明显的病牛要加白芍45克、木香30克、槟榔30克；热甚伤津者，即口津黏稠而稀少的病牛，需要另加麦冬30克、石斛45克；粪稀恶臭、酸气较为严重的病牛，要另外多加地榆30克、诃子45克；病牛粪便中出现带血症状的，加

仙鹤草60克。

（4）肉牛出现脾虚泻病症的发病症状，其治疗方法如下

1）发病症状 病牛初期饮食如常，继而突显精神不振，食欲减退，反刍减少，饮水增多，鼻寒耳冷，腹响肠鸣，粪稀渣粗并带有消化不全的草料或谷壳米皮，粪便无臭味，后期体瘦毛焦，两眼凹陷，小便短少，严重时大便失禁，四肢浮肿，口色淡白，脉象细而无力。

2）治疗组方和用药原则 要以补气健脾，和胃渗湿的调理治疗原则。药物选用参苓白术散，即党参45克、白术35克、茯苓30克、白扁豆45克、陈皮30克、山药45克、薏苡仁30克、炮姜60克、砂仁24克、桔梗30克、甘草20克、大枣15克，水煎服落凉后供病牛饮用。食欲大减的病牛再加麦芽45克、谷芽30克、神曲45克；口流清涎有寒气的病牛外加干姜30克、官桂30克；四肢浮肿严重的病牛另多加猪苓45克、泽泻30克。久泻不止和大便失禁较为突出的病牛多加诃子45克、肉豆蔻30克、赤石脂45克、炙升麻30克、柴胡45克。

（5）肉牛出现伤食泻病症的发病症状，治疗方法勿拖延

1）发病症状 眼观病牛食欲减少或废绝，反刍减少或停止，腹部微胀，呼气酸臭，粪便黄污、黏腻且有酸臭不爽之味，有时粪便内混有未消化的草渣和饲料，病牛时常伴有间歇性的轻微腹泻，泻后则疼痛减轻，病牛口舌呈红色，舌苔污黄而厚，多呈腻厚状。

2）治疗组方和用药原则 要遵循健脾导滞，清热利湿的救治原则。药物建议使用保和散，即炒山楂45克、炒麦芽60克、神曲45克、莱菔子45克、茯苓30克、陈皮45克、车前子30克、连翘45克、滑石45克，水煎服后饮。

眼观腹痛明显的病牛加木香30克、厚朴30克、砂仁20克、

枳壳30克、延胡索30克。

上述各复方中草药方剂煎出的药汤，尽量不要给病牛强行灌喂，应该待药汤自然冷凉后让病牛自行饮服，发现不能顺利饮服时可加入500～1500克红糖，仍不愿饮服的病牛可人工徐徐顺势灌入。灌入时一定要轻轻扒开病牛的嘴巴，从病牛嘴巴的口角处缓慢灌入，千万不能动作粗野，野蛮掰嘴，忌猛然大量灌入，以免呛着正在患病的肉牛。煎药出汤后的药渣子，建议不要废弃不用，可一次或二次掺于病牛或病牛身旁处其他看似健康肉牛的草料中。因药渣中亦含有中草药的部分药效，对病牛或其他健康肉牛有益无害。

12. 肉牛烂舌病该怎样治疗和预防？

肉牛烂舌病是一种病毒性传染病，其主要传染媒介就是臭名昭著、人见人打、令人厌恶的伊蚊和库蚊，有的肉牛由于自身免疫能力差的特别原因，被叮咬严重、身体耐受不了时易感染发病。不过，这样的病例养殖中却实属不多见，只是某些个特别脏乱差的养牛场里偶有发生而已。

（1）肉牛烂舌病不可怕，早发现是治愈的良好开端

原本瘦弱多病的个别病牛被蚊子叮咬后首当其冲，成为小小蚊子嘴下的"受害者"。瘦弱牛发病初期，眼观会发现其精神不振、眼睛呆滞无神、食欲减退、流鼻涕、淌口水、上唇呈现水肿样，肿胀严重时可波及到整个面部及耳部，且口腔黏膜充血。

养殖中一旦发现个别肉牛出现上述所说的病况时，要立即采取下列的治疗方法，以确保患病牛的早日康复。

（2）肉牛烂舌病的治疗，方法如下

1）应对病牛进行立即隔离并派专人加强护理，使其避开酷暑烈日和狂风大雨，并投喂给肉牛平素喜食和易消化的混合草料，也可适当增加青储粗饲料的比例。

2）每天可用0.1%的高锰酸钾溶液清洗口腔和蹄部，然后把冰硼散均匀的撒于有异样的患处；同时配合注射磺胺类药物或青霉素等抗菌药。以利消炎杀菌的药物快速进入病牛体内，从而迅速抑制病情不再继续发展和蔓延。一般每日给药2～3次，多数会在5～7天彻底痊愈。

（3）肉牛烂舌病的预防方法，应从购牛源头抓起，彻底杜绝该病的发生或蔓延

养殖中对于肉牛烂舌病多是防重于治，养牛女人建议可从购买肉牛的源头抓起，彻底杜绝该病的发生或蔓延。

13. 肉牛的体温与各种疾病有密切的关系吗？

养牛女人的回答是：有关联，且十分密切，下面分别介绍下。

（1）给肉牛测体温的体温计要涂润滑剂或水，具体操作的步骤请看下面

有多年丰富经验的养牛人，多会从肉牛的体温就能准确判断出是病牛还是健康的肉牛。给肉牛测量体温时必须把体温计插入其肛门内。具体操作的步骤是：测量体温前，要先把体温计的水银汞柱甩到35℃以下，适量涂上润滑剂或清水。测温人员站在肉牛的正后方，眼观肉牛没有踢打撂蹄的狂躁现象时，顺手一把提起肉牛的尾巴，一手将体温计斜角向上放、徐徐捻转着插入其肛门内，尔后用体温计尾端的夹子夹在牛尾根部的尾毛上，一般3～5分钟取出查看。测温完毕后应将体温计擦试干净，并再次将水银汞柱甩下，装入容器内以备下次再用。

（2）给肉牛测量体温要把握好如下几个基本点，体温的日差变化要熟记心间

给肉牛测量体温时还应把握几个基本要点，这样便于测温人员更好更准确的辨别肉牛的具体情况。只要养牛场的测

温人员心中有了数，才能更趋于合理的日常安排，妥善把握或及时调整喂养方法及饲料配方，使思路随着情况的变化而具体变化。

多数肉牛在经过剧烈活动、日晒口渴和大量饮水后，应休息半小时后再测体温。健康肉牛的体温一般一昼夜内略有变化，但变化不大，多数情况下上午高、下午低，上下相差在1℃以内，测量时间最好选择在每天上午的8～9时和下午的4～5时，分别细心准确的测量2次，观察或比对测量肉牛体温的日差变化。成年肉牛的正常体温在38～39℃，青年肉牛的正常体温为38～39.5℃，牛犊的正常体温多为38.5～39.5℃。这些数据范围内不同牛龄的大小肉牛，给出养牛人的"信号"显示是：一切正常无异，牛群健康平安。

（3）体温差别时可以诊断肉牛发热的种类，对应给药才是治病的关键

体温低于正常牛龄的病牛，通常是患了大出血、内脏破裂、中毒性疾病，或者将要临近死亡。体温高于正常牛龄范围并伴有其他发热症状的，则可判断为肉牛已经发热。病牛体温升高1℃内的为微热；升高2℃以内的为中热；升高2℃以上的为高热。发热的病牛每天上午和下午测定的体温仍旧有差别，对诊断病牛意义重大的发热症状有以下三种，下面分别简单地说下。

1）稽留热的发热症状 发热肉牛如高热连续3天以上时，而且每日温差在1℃以内，病牛极有可能患有传染性胸膜炎、肺炎或牛犊副伤寒等病症。

2）弛张热的发热症状 发热病牛的体温，每日温差在1℃以上，且使用降温药物后又降不到正常的体温时，则有可能患有化脓性疾病、败血症或支气管炎、肺炎等病症。

3）间歇热的发热症状 如果发热病牛发热与不发热症状交

替出现时，病牛则有可能患有慢性结核病、焦虫病或者锥虫病等等。

时下的肉牛养殖过程中，牛场主人和饲养员有时就要充当"半个兽医"的角色。肉牛有病有灾的多数不可怕，因多数疾病既可防也可治，但有一个重要前提那是不容忽视的，就是力求早发现、早治疗，预防在任何时候都是重要治疗的。千万不要冷漠麻木的认为，肉牛属于较为强壮的大型牲畜，有点小病小灾的，不用理睬，靠一靠、熬一熬的就会自己好了。其实，这些都是不科学、不实用、不靠谱的过时"老黄历"了，这种陈旧想法或迂腐做派必须彻底掘弃，只有相信科学、规范用药、细心护理才不会延误了病牛有效的治疗时机，避免造成恶性循环或重大疫病。如若不然，果真到了那时可是大大的得不偿失，经济损失的后果根本无法想象啊！

14. 呼吸道疾病综合症多发生在哪个年龄段的肉牛？具体该怎样防治？

肉牛呼吸道疾病综合症是一种急性呼吸道疾病，它是由病毒和细菌等多个病因相互作用下的多重感染，环境压力和应急反应可以加重病情的蔓延，医学专业术语称之为BRDC。

肉牛感染该病多由病毒和细菌引起，下面就发病和症状、预防和救治等的相关问题简单的做下介绍，以便大家有更进一步的认识和了解。

（1）远途调进的牛犊易发该病，建议养牛散户和养牛新手尽量不要大批从牛犊养起

该病症常见于牛犊，尤其是运输后刚刚到"家"的小牛犊。该病呈广泛性的趋势分布，亦可发生与平时体况良好的牛犊，这就是建议为啥不要从牛犊大量调进或养起的主要原因。当然，这也是国内众多肉牛专家的建议，这样可以有效规避

"外来"牛犊高死亡的风险或由此带来的经济损失。

（2）呼吸道疾病综合征多由病毒引起，病毒绝非是该病感染的唯一病原

肉牛呼吸道疾病综合征的发病原因，养殖中发现还与天气的骤冷骤然、草料配比不合理及圈舍过分拥挤有关联，从而导致所养肉牛缺乏充足的休息空间；另养牛棚舍建造的不舒适、起码的圈舍条件跟不上等状况，也可诱发肉牛自身的免疫能力下降或丧失，时间久了也会引发该病症的发生或蔓延。

（3）预防是控制该病的重要手段，适宜的养殖大环境才是防治的根本所在

肉牛呼吸道疾病综合征的诊断和治疗，目前各地的规模化养牛场都很难处理，感觉颇为棘手。实施治疗中还发现这样一个"怪现相"，即初期给患病肉牛肌体注射抗生素和磺胺类药物后的治疗效果非常好，但病情一旦加重后此类药物的治疗一般多无效。因此，预防是控制该病的重要防御手段。

营造好的大环境是变相提升牛群综合质量的可靠保障　养殖中要彻底改善养牛圈舍的饲养环境，保证肉牛趴窝场所的环境卫生，达到通风干燥、清洁无恶臭，确保圈内无积水和污水、尿液粪污等，人为给肉牛创造出一处适宜养牛的绝好安全大环境。

15. 肉牛有"食盐中毒"的现象吗？若有该怎样预防和治疗？

养殖中肉牛不仅吃草吃料，其实在日常管理中肉牛还离不开一定比例的食盐，但食盐的添加有一定的严格控制比例，也就是要在日日不能缺少的饲料中添加适量的食盐。就像我们日常生活中不能缺少食盐是一样的道理，烹饪的菜肴中食盐搁少了出不来应有的味道，放多了苦涩没法入口是一样的道理。

可有时个别肉牛就像极了顽皮不懂事的小孩子，家长越是限制孩子别吃口味较重的食物，如咸菜、酱菜、咸鱼、虾酱、泡菜、薯条、虾条等咸度较重的食物时，可有的孩子就是不听家长话，偏偏拿家长的话当耳旁风、左耳朵进右耳朵出，私下里仍是偷着一回回儿的猛吃。其结果不言而喻、不用想就知道，即"齁着"了。"齁着"的孩子也是食盐摄取过度的一种强烈表现，多表现为心慌无力、口舌生疮、咳嗽呕吐、呼吸急促并由气管里时常发出低闷嘶哑的丝丝干吼声。不用养牛女人说大家也都知道："人和物都是一个道理"。在食盐的摄取上肉牛可能表现的更明显一些，尤其是平时缺了食盐的个别肉牛，一旦摄取的食盐超标了过量了，其后果比"齁着"的孩子都严重百分，即肉牛出现了明显的"食盐中毒"现象。

（1）肉牛"食盐中毒"不可小觑，危害严重毋庸置疑

养牛女人下面介绍"食盐中毒"现象的真实一例，希望养牛散户和养牛新手能够引起万分的小心和注意，不能让如此的悲剧再次重演。

山东省东营市垦利县农村的刘某是个养牛新手，一共引进并养殖了10头肉牛。有次，家里备用的粗盐（食盐的一种，肉牛养殖多用这类价廉的颗粒状食用粗盐）"断顿"了，刘某便给所养的肉牛停喂粗盐了，缺盐的时间约为2周。待粗盐再次买进后，他给肉牛喂完草料后便想起要补盐，联想到肉牛缺盐已有一段时日，计算着得给肉牛尽快"找补"回来。他根本没有仔细思量或者是大体计算下，就顺手把大约10千克的粗盐一股脑儿投进牛槽里，供缺盐多日的10头肉牛自由舔食。投喂粗盐后，刘某发现肉牛个个舔食的很是起劲，就高高兴兴地去忙活其他"营生"去了。待他次日清晨走进牛棚的那一刹那时，猛然发现一头肉牛站立不稳且突然倒地，时间没过多久刚才还

"晃漾"的牛便死亡了。另有五头肉牛发生了轻重不等的"食盐中毒"现象，幸亏牛槽内尚有约2千克的粗盐没有采食，不然其后果还会更加的严重。

事后通过详细了解情况后得知：养牛新手刘某根本未把"食盐中毒"看作是一个极其严肃的问题，在家中粗盐一度短缺、肉牛饲料配比又严重缺盐的情况下，仍然长时间没有及时添加，结果导致肉牛食盐缺乏症的促成。继而，他在食盐一下到位又想给缺盐肉牛补盐时，竟然没有采取循序渐进的正常补盐方法，而是突然间大量投喂粗盐给肉牛舔食，没想到次日便出现"食盐中毒"的事故，造成一死五伤的惨状，经济损失严重。

"食盐中毒"时死亡肉牛的中毒程度最为严重，这点毋庸置疑，这可能是由于该肉牛对食盐的消耗量大于其他肉牛，但食盐过量舔食进入肠胃内后，短时间内又缺乏相应的分解能力或耐受性，结果酿成"食盐中毒"的死亡现象。

（2）肉牛"食盐中毒"的症状明显，早发现是救治的前提之一

肉牛"食盐中毒"的一般症状多表现为精神萎靡、皮肉松弛、耳朵低垂、鼻孔干燥、眼窝下陷、结膜潮红，眼观中毒肉牛的肌肉有震颤现象。

（3）肉牛"食盐中毒"后需药物治疗，具体治疗方法应及时对症

肉牛养殖中一旦发现有偷食过量食盐的，或养牛新手盲目过量投喂食盐引起的中毒现象后，应在准确诊断后立即给予有效的一系列治疗。

（4）肉牛养殖中虽不可缺盐，但添加食盐需有适当比例

既然上面说了，肉牛养殖中离不开食盐，但又不能让所养的肉牛过量舔食食盐的行为，那实际养殖中肉牛补添食盐的

量，应该如何正确掌握和严格控制呢？

国内多位知名肉牛专家给出的适当比例是：精料中食盐的安全比例，应严格控制在0.7%～0.8%；如果养牛散户和养牛新手自己不配制日混精料的话，也可在肉牛的食槽中按此比例放入粗盐或市售的保健浓缩食盐舔砖，以供所养的肉牛自由舔食，藉此来满足肉牛肌体对食盐的迫切需求。

（5）肉牛放牧条件下有窍门，食盐是肉牛回归驻地绝好的"引诱剂"

肉牛在内地多是采用圈舍养殖的方式，但在牧区或没有封山育林的山区自由放牧养牛的情况下，食盐还是牛群回归驻地很好的"引诱剂"。无论牛群走出去有多远，因着对食盐那份难舍的依赖和无穷回味，牛群到时间就全都会慢悠悠地回到驻地寻找食盐的。由此可见，食盐对肉牛的日常生长或健康生存有多么的重要了。

无论集中圈舍养殖还是通过放牧的形式来养殖肉牛时，养牛散户和养牛新手都要把握这样一个基本原则，那就是食盐的添喂"宁量少、勿量重；宁多次、勿少次"。宁愿多次给盐或稍有欠缺的给盐，也不要一次过量给盐或集中补盐。此举便是预防肉牛"食盐中毒"的一个实用"笨"法子，尤其是像前面所说刘某这样的养牛新手不妨一试。

（6）要给肉牛购买正规渠道的优质食盐，勿用国家明令禁止的犯法私盐

为了更好的节省资金，目前各地的各大养牛场供肉牛平常舔食的食盐，均为可供食用的合格颗粒粗盐。购买粗盐时，一定要从当地政府许可的合法盐业部门或盐业公司直接购进，千万不能贪图便宜而购买了工业用盐，以免肉牛食用的时间久了，引发不必要的意外发生。目前，食盐仍属于国家严格调控

的商品之一，倘若贪图便宜购进了不法商人送入养牛场的低价私盐，一经受到举报后，盐政部门查实后是要依法全部没收并追究相关负责人责任的。

从上述食盐的添配比例我们不难看出，食盐在肉牛养殖的应用中尽管不能缺少，但总体的用量不是很大，没有必要为省下一点点私盐钱去沾惹不必要的麻烦。好好把心思用到肉牛的日常养殖和管理上，只要仔细的用心的把肉牛养好了，多花的那点"盐钱"直接没有问题，这里养牛女人可是如实说的啊！

16. 肉牛支气管炎应该怎样治疗和预防？

肉牛支气管炎说白了就是肉牛感冒引起的咳嗽和发炎。该病属于肉牛养殖中的常见小毛病，多数没有什么大碍，只需有效对症的治疗那么几天，多数病牛不日即可痊愈的。

（1）肉牛支气管炎的种类分急慢性，治疗应以恢复生理功能为主要原则

肉牛支气管炎是支气管黏膜发生了炎症，按病程的具体表现可以分为两大类，即急性支气管炎和慢性支气管炎。该病遇到恶劣天气、气温骤变时多见，治疗该病的原则应以杀菌消炎、制止渗出、止咳祛痰、恢复肺器官的正常生理功能为原则，下面将治疗方法和预防方法分别介绍如下。

（2）肉牛急性支气管炎给予药物治疗的同时，饲养员的细心管护同等重要

1）急性支气管炎的致病病因　该病多数是原发性的，多由体质欠佳的肉牛因受寒感冒而引起，如平时管理不善、病牛肺部或肺部邻近器官的炎症没有得到及时发现和治疗，病情进一步蔓延时都可引起该病的发生。

2）急性支气管炎的症状　病牛初期的症状主要以咳嗽为主，咳嗽声音较短，多给人以干咳干吼的感觉；3～4天后咳嗽

的声音变的湿润而延长，常会从鼻腔里流出浆液性物质或黏液性鼻液。兽医听诊病牛的肺部时，病初为干啰音，后期为湿啰音，体温较平时稍高0.5～1℃，眼观可见病牛呼吸快而急，与平常健康时大不一样。

3）急性支气管炎的治疗　主要以消除致病因素、祛痰镇咳、消炎降温为主。眼观肉牛生病后，要及时将病牛安置于温暖无贼风，温差变化不大，通风或采光条件良好的圈舍内，投喂给无灰尘、易消化、病牛乐于喜食的营养草料，尤以新鲜的青绿粗饲料为最好。给药治疗的方法如下。

祛痰可用氯化铵10～20克，吐酒石0.5～3克。

镇咳可用复方樟脑酊20～25毫升，复方甘草合剂100～150毫升。

消炎降温可用青霉素80万单位8支，链霉素100万单位3支，注射用水20～50毫升，混合后肌内注射，每天2次，连用2～3天，多数即可逐步痊愈。

（3）肉牛慢性支气管炎的治疗方法，中西医结合应是极为不错的选择

1）慢性支气管炎的发病原因　多数是由于病牛的急性支气管炎引起，在炎症没有得到及时治疗或有效控制的情况下，不知不觉中蔓延发展而成的。

2）慢性支气管炎的症状　表现为病牛长期持久性的咳嗽，尤其是饮冷水后或运动时咳嗽的更为严重，一般无体温差异上的明显变化，眼观其食欲却在明显的减少。

3）慢性支气管炎的治疗方法和用药原则　基本上同急性支气管炎的用药原则一样，这点没有多少差异。

有条件的养牛散户和养牛新手也可采用复方中草药来治疗，可选用用参胶益肺散，即党参、阿胶各60克，黄芪45克、

五味子50克、乌梅20克，桑皮、款冬花、川贝、桔梗、枳壳各30克，复方中的各药混匀后共同研为细末，开水冲调并自然冷凉后给病牛缓缓灌服。病牛能自饮的情况下先不要采用灌喂方式，发现病牛没有饮用的欲望时再行灌喂不迟。

（4）肉牛支气管炎应预防为主，急性患病时要及时治疗，万勿麻木或无端拖延

养牛散户和养牛新手养殖中若遇气候突变时，应加强对所养肉牛的喂养和管理。肉牛圈舍内一定要保持通风干燥，卫生清洁条件达到良好时，肉牛的总体健康状态才会有较强的抗疾病能力。在注意保暖且通风有度的同时，才能更好的防止肉牛突然感冒。如果养殖肉牛的数量较少，最好在晴天时牵出圈外让其适当运动一下，透透新鲜空气并多晒晒太阳，提供给足量的清洁饮水。一旦发现肉牛有急性病时要及时给予治疗，万勿麻木或无端拖延，避免由急性转为慢性，那样治疗起来时间可就稍稍长些了，且于肉牛的身体无益。

眼观有呼吸困难、剧烈干咳的病牛，可用氨茶碱1～2克进行肌内注射，也可用5%麻黄素溶液4～10毫升进行皮下注射，以此来有效缓解或消除肉牛患病时的这一危急症状。

肉牛养殖中虽然会出现上述这些小病小灾的，但总体来说与正常的养殖没有多少大碍，关键应本着"预防为主，治疗为辅"的不二原则。巡视牛棚或喂养中发现有不理想的个别肉牛，要引起足够的注意并加以细心甄别，待确诊后给予有效的药物治疗，争取在病情初露端倪时，就要果断而决绝的把病患扼杀在"摇篮中"，力争不给任何病疾发展或蔓延的机会。

17. 治疗肉牛细菌性疾病，混料饮水联合用药配伍都有哪些实用技巧?

肉牛细菌性疾病目前多为联合用药。联合用药的技术虽然

疗效显著、简便易行，但养牛散户和养牛新手联合应用时需要注意一些细节，如在不同的养殖周期内应选择轮换使用，也就是"常换常新、勤换有效"的联合用药方案。倘若把握不住或弄不明白时，一定不能模糊用药或揣摩着估计着用药，必须咨询"懂行"的同行或请教当地有经验的兽医，待彻底弄明白后再联合用药为好。

细菌性疾病联合用药的药物用量多为常用量，病牛病情特别严重时，用药量可控制在2倍的常用量以内，但不必草率盲目的再继续加大用药量。特别需要注意的是，以粘菌素为主药的系列化联合用药过程中，不可将混料饮水的药物肆意更改为肌内注射或皮下注射用的药物，此乃用药中的大忌，养牛散户和养牛新手一定要熟记于心中，切记此点，因这可不是闹着玩的。下面将联合用药的常用组方分列如下，仅供参考。

（1）β－内酰胺类

阿莫西林＋舒巴坦（2∶1）；头孢噻呋＋舒巴坦（2∶1）；氨苄西林＋安普霉素；头孢噻呋＋恩诺沙星；阿莫新林＋氧氟沙星。

（2）氟苯尼考

氟苯尼考＋多西环素（1∶2）；氟苯尼考＋安普霉素或新霉素；氟苯尼考＋磺胺药。

（3）粘菌素

粘菌素＋头孢噻呋；粘菌素＋氟苯尼考；粘菌素＋氧氟沙星；粘菌素＋多西环素；粘菌素＋替米考星。

以上联合用药的配方，均为病牛病害期间混料饮水方式的组合配方。联合应用时可将药物拌饲于病牛喜食的料水中，如玉米面、豆皮、麸皮、麦碴子等，料水的量一定要少，待病牛完全饮进后再重新补给足量的饮水；也可将连用的混合药物通过病牛饮水的时候顺带给药，亦是水量不能过多，眼观病牛充分饮进后再行给水。

18. 养殖肉牛时，怎样应用地塞米松磷酸钠注射液的效果会更好？

在当今肉牛养殖的实践中，经常有不少养牛散户或养牛新手，不分青红皂白的把地塞米松磷酸钠注射液一律当作常规退热药物使用，盲目用药中势必会造成意想不到经济的损失。因此，使用地塞米松磷酸钠注射液时应当谨慎小心，尤其在母牛繁殖期及接种疫苗前后的5～7天，切勿滥用地塞米松磷酸钠注射液等肾上腺皮质激素类药物。

如果养牛散户或养牛新手反复多次的使用地塞米松磷酸钠注射液，于不知不觉中定会埋下安全隐患。病牛用该药的时间越长，其机体就越容易发生感染和扩散，增加疾病的继发性或并发性的肆虐机会。尤其是一些复杂的隐蔽性感染疾病，如会降低病牛原本就十分虚弱的体质，引发球虫病和链球菌病的发生等，严重的还会直接降低病牛总体的抗病疾水平，最严重时甚至造成疫苗免疫的失败，引起不应有的经济损失。

在母牛产犊前的适当时间内，按兽医医嘱肌内注射地塞米松磷酸钠注射液后，母牛一般可在24～48小时产下牛犊。地塞米松磷酸钠注射液这一廉价特殊药物很好的引产作用，常因使用不当而导致怀孕母牛早产、流产、产下不能成活的牛犊，或勉强能成活几日的"短命"牛犊，特别是用量过大、时间过长时，日后更是在能繁母牛身上埋下危险致命的伏笔。

地塞米松磷酸钠注射液是各地常见常用的低廉广谱药物，各地在肉牛的养殖中应用十分普遍。正是因为此，养牛女人建议在使用该药前，一定要仔细读懂使用说明或其应用范围，切莫道听途说、一知半解的去盲目使用该药，以免价廉的好药用不到"正地方"，还稀里糊涂的遭受了损失。

19. 肉牛一旦出现食道梗塞（阻塞）时，我们应该如何诊疗？

肉牛食道梗塞，又多被业内人士称作肉牛食道阻塞，是食道被粗硬的草料或大块异物阻塞而引起的一种意外病患。

由于肉牛固有的生活习性和进食特点，发病时的肉牛均以吞咽进食了大块的根茎类等的粗饲料，例如由青萝卜、胡萝卜、土豆、地瓜、莴笋及芥菜、甘蓝、地瓜秧等而引发本病的机会最多，尤其是出土时间和存放时间久了，晒焉了或水分流失过大的那种市价特殊便宜的块茎类和根秧类。如果没有及时切成小块或用铡刀铡段的情况下，便随意的投喂或丢给所养肉牛，进食迅猛的肉牛一旦大口吞咽过量后，很容易发生食道阻塞的意外现象。倘若治疗方法不当或处置不及时，短时间内便会激发并阻塞肉牛的食道破裂穿孔、食道壁坏死，严重时会导致突遇此况的肉牛死亡。下面养牛女人对肉牛食道阻塞的一些症状、诊断和治疗方法，大致做下简单介绍，希望在这个问题上能够引起养牛新手充分的高度注意。

（1）食道阻塞肉眼所见的一般症状，多会出现急性的瘤胃鼓气

此况一般是肉牛在正常的进食中突然发病，停止进食，呈现张大口并伴随伸缩脖子的眼观难受状况；继而还会出现频繁伸脖子、不由自主地流口水，有的甚至会同时从口鼻中流出一些泡沫，不断做出呕吐和吞咽的困难动作。当肉牛出现完全的食道阻塞现象时，更多会出现急性的瘤胃鼓气。

1）患牛出现颈部食道阻塞时　常在其左侧颈静脉沟处，肉眼看到局部特别膨大，用手触摸时可明显感到硬型异物的存在，并发现患牛有烦躁不安的疼痛感或抽搐反应，偶尔低头进

食草料或张口饮水时，吞进口中的料水混合物立即从其鼻孔流出。流出或貌似呛出的污物上有大量唾液和分泌液积聚，用手触摸时感觉有种波动感。

2）患牛有胸部梗塞时　看不到也触不到阻塞物。患牛有时能吃上几口草料、饮几口水，但积攒到一定程度时便会从鼻孔流出，此时用手触压患牛食道也有明显的波动感。

（2）诊断时应灵活仔细，视诊、触诊和探诊等方式缺一不可

诊断肉牛是否出现食道阻塞症状的方法有：视诊、触诊和探诊。实际上，抛开这三种诊断方法不说，其实肉牛主人或饲养员应该是最清楚不过的了，他们才是真正的病因制造者和症状的亲历见证者。

1）肉牛梗塞现象若发生在颈部食道　一般通过视诊和触诊就能快速确诊，并能准确判断出阻塞异物的大小和种类。

2）肉牛梗塞现象发生在胸部食道　此况则需兽医用胃管进行探诊。探诊前需要了解并确定阻塞异物的具体属性，若是肉牛不慎误食了金属片、钢钉或骨片，此时不宜使用胃管进行探诊，否则会当即引起患牛的食道破裂。在诊断时，应注意与食道炎、食道痉挛、食道狭窄进行对症鉴别，以便做出更为准确的诊断。

此况的具体操作是专业兽医的专业行为，养牛散户和养牛新手切勿盲目操作，以免弄出更大不可收拾的"娄子"。

（3）食道阻塞治疗的原则要多管齐下，具体的救治措施可不拘一格

肉牛食道阻塞的治疗原则是：去塞通噎，加强护理。即根据患牛食道阻塞的部位、阻塞异物的大小和具体属性，来采取通噎畅通不同的救治方法，下面分别介绍如下，以便突然遇到

时立即做出准确判断。

1）直接掏取异物法　肉眼发现阻塞异物位于患牛食道咽部时，比较适合采用直接掏取法。此时需用专业开口器将患牛的嘴巴张口固定，然后直接用手伸入其咽部，待看准异物后并立即抓取出来。此法只适用于一般较浅部位的异物阻塞，当阻塞异物在患牛的咽部以下时则很难奏效。

2）套取阻塞异物法　肉牛的食道阻塞发生在颈部食道的最为多见，且阻塞于患牛颈前1/3或颈中1/3交界处的机会较多。

当阻塞异物在患牛咽后的颈部食道时宜采用直接套取法。即取长3米左右的8号或10号铁丝一根，对折拧成顺溜有序的麻花样，顶端做成鹅蛋般大小的圆圈，最好能稍大于阻塞异物。人为让患牛站立并固定好后，用手迅速把患牛的鼻子捉住并提起，立即给其装上肉牛专用开口器，把铁丝从圆圈端伸入患牛口中并缓缓插入食道，使圆圈对准并趁机套住阻塞异物。同时，为了防止阻塞异物向下滑动进入其中，旁边的另一人可在患牛的颈部外侧用手将阻塞异物适当的加以固定，操圆圈者可借机适当的慢慢向外面拉动，待感觉套住后缓慢取出阻塞异物。整个过程操作者要万分的小心谨慎，切莫急躁，以免伤及患牛的食道，给其再造成二次伤害。

此套取法仅限于较为圆润的异物，当阻塞异物为锐利的异物时，千万不要应用此法，以免好心办坏事。这是因为阻塞异物发生在患牛的颈部前1/3处，采用套取法将阻塞异物套出较适宜，但使用的铁丝一定要光滑无刺且无斑斑锈迹，弹性不宜过强，这样在套取时才尽可能不使患牛的食道受到过度损伤。

3）胃管压气通噎法　若阻塞异物在患牛颈下部和胸部食道时，应采用胃管压气通噎法取出异物。操作前先让患牛站立并固定牢稳，将胃管适当抹一些食用油以利润滑，然后顺着患牛的鼻孔缓慢插入到食道，直通并稳稳地达到阻塞异物的阻塞处。胃管进入其中后，多先导出食道内的一些黏液和分泌物，此时要投入液体石蜡100～200毫升，然后用胃管向下推动阻塞异物，以推不动为适宜。随后，旁边的助手将打气筒连接到胃导管的上段，稳步有序的给予打气加压。边打气边向前输送胃管，当突然感到阻塞的异物一下子消失时，说明阻塞异物已顺利进入患牛的胃内，此时应立即停止打气。

发生于颈部中1/3以下和胸部的食道异物阻塞，通常使用胃管压气法通噎的效果较好，这是因为食道越靠近胃贲门部食道壁越薄，管腔较松弛，对阻塞其中的异物先润滑、后加压、才易于通下的原理所在。

治疗中有时会发现通噎行为较为困难，也就是操作不顺手的现象出现，这是由于患牛此处的肌肉较厚，而食道偏偏又较为狭窄的缘故。治疗时在采用套取阻塞异物法和胃管压气通噎法都无效的情况下，要尽早考虑请兽医采用手术方法予以切口取出，以免拖延的时间太长，造成食道壁坏死、穿孔或破裂，严重时会导致患牛倒地死亡。

4）手术疗法　当阻塞异物既不能从患牛的口腔取出，又不能借势推入其胃内时，则说明锐利的阻塞异物已在其颈部死死地卡住，形成另一种更加严丝合缝的阻塞形式。此时应尽快请有经验的兽医尽早采用手术疗法，尽快切开食管，取出卡死的阻塞异物。手术应采用颈静脉下方做较小切口的方法，在圈舍内就地进行一个常规的外科小手术，人为帮患牛取出异物的一种有效快捷形式。

给患牛取出卡死异物的手术程序简述如下：栓系固定、剪毛消毒、实施麻醉、切口取物、针线缝合、术后消炎、补水补液、精心护理。

采用手术疗法取出阻塞异物的外科行为，是在采用其他治疗方法无效而患牛又有较高养殖价值的情况下，人为采取不得已而为之的一种变通方法。养殖中类似这样的外科小手术一般也不经常使用，因手术对患牛的食道壁多少会有所损伤，且术后的食道切口普遍愈合较慢，有时会严重影响患牛的恢复或长势。因此，实施食道切口术是一种不得已的补救疗法，宜在异物阻塞后的早期进行，切口要尽量小，缝合时要加倍小心，严格预防并有效控制伤口感染；术后要拿出专人进行专业护理，期间并连续多日施以补充液体、消炎药物，对已能开口进食的患牛要投喂给多品种、高营养、易消化的混合草料。在护理、药物和营养草料的多重精心管理下，患牛只要不出现难以控制的伤口感染，多不日后即可恢复如常。

（4）肉牛食道阻塞的日常预防，应从根茎类粗饲料的切碎开始

肉牛发生该病的主要原因，完全由人为的管理不善和粗心大意而引起。多数情况下肉牛是因吞食了大块的根茎类等的粗饲料，尤其是那种晒焉并缩水了的根茎类饲料；有时也会吞咽因受潮而结成块状的精料和碾压实轴的草团所致，如大型铲车碾压特别结实的青储玉米秸秆粗饲料等，投喂时一定要人工予以铲开或拍开，待其松散后再行投喂为宜。

综上所述，既然知道了该病因完全是由人为所引起，就要时刻加强对肉牛的日常管理，必须要投喂根茎类粗饲料时务必要先行切碎；尤其不要让饥饿多时、或长时间没有进食该类适口粗饲料时的过量投喂；初次投喂肉牛时一定不要忽地放入很多，也不给肉牛"创造"接触或偷食根茎类粗饲料的任何机会；还有在投喂豆饼和棉籽饼前，一定要用水充分泡透泡稀，以免出现呛噎现象。此外，在肉牛正常进食时，千万不要人为

故意地去肆意惊扰它，以免发生食道阻塞而造成原本不该出现的意外。

（5）肉牛食道阻塞发生后，应本着及早治疗、切勿拖延的原则

肉牛食道阻塞的症状一旦不幸发生后，不要试图采用棍棒击碎食道阻塞异物的莽撞行为。因任何粗暴地用木棒或铁棍击打其食管阻塞处，很容易造成食道的多处破裂，严重时最终无法救治而死亡。其次，肉眼发现肉牛一经出现食道阻塞的症状后，千万不要漠视不管，任其自行发展，以为时间长了自然会消化殆尽，这样无形中会把大好的治愈时机白白耽误了，造成患牛食道壁的坏死和穿孔，最终引发死亡。

上面所说的等等一切，需要养牛散户和养牛新手应本着及早治疗、切勿拖延的思想，想尽一切可行之举，力争把食道阻塞的患牛尽早治愈好，使之恢复正常。反之，若发现救治的效果不甚理想时，应及早淘汰处理，以免养牛人和患牛共同遭罪。

20. 春末季节应该慎防肉牛瘤胃鼓气？

每年5～6月份，各地温度适宜条件下的地区绝大部分都莺飞草长，野外各种各样的青绿植物和野菜野草均生长茂盛，养牛散户和养牛新手为了有效节省粗饲料和部分资金，多会自行从野外或田间地头收割回来喂给所养的肉牛，一经投喂后发现肉牛个个都十分喜欢进食，此喜人场景无形中增加了继续收割喂牛的积极性。但肉牛喜欢进食归喜欢，如果一味过度无量给肉牛投喂的话，个别肉牛因进食过多或由于自身消化能力较低的缘故，很有可能会在其胃内迅速膨大发酵、从而会产生大量的气体；而这些气体一旦不能在短时间内顺利排出体外时，便会引起个别肉牛出现大肚子的症状，就是本篇所要重点阐述的肉牛胀肚，即老百姓俗称的"青草胀"，养牛专业术语则称肉牛

瘤胃鼓气。

（1）胀肚肉牛瘤胃鼓气时的症状表现，细看时多十分明显

胀肚肉牛一旦体内有多余气体排不出去时，其鼓气病变的腹部会迅速鼓大，尤其在其侧腹部明显凸出，用手触之并轻轻扣打时会明显感觉到紧致而富有弹性，俯身贴耳仔细听时其腹内穿导发出的声音如鼓响。眼观发现胀肚病牛的精神极为沉郁、不吃不喝、不反刍倒嚼，似有呻吟不安的表现，头部经常回顾腹部，多站立不动，弓背弯腰，频繁排尿，呼吸越来越困难，严重者不多时候即可倒地死亡。

（2）避免肉牛瘤胃鼓气症状的出现，预防重于治疗

为了有效预防肉牛进食鲜绿粗饲料时不慎出现瘤胃鼓气的现象，可在初期投喂鲜粗饲料时添加一定比例的青干粗饲料，此举不仅有利于肉牛肠胃的合理改善，更是让肉牛有个适当的安全过度，可以起到很好的减少或杜绝作用。

肉牛因进食鲜绿粗饲料而引起瘤胃鼓气症状时。一旦发现有个别肉牛出现胀肚鼓气，应将胀肚病牛牵到圈舍外青草较少的地方，以免继续引发或加重该病；同时要人为制止病牛进食过量的多汁野菜、鲜嫩的青草、豆科植物以及易发酵的红薯秧、花生秧和甜菜等，尤其不要投喂带有雨水或露水的鲜青粗饲料，并严格仔细观察病情的进一步发展。

另外，春季在投喂大豆、豆饼类精饲料时，一定要用开水或清水浸泡后再行投喂；做好其他储备饲料的妥善保管和加工配制工作，严禁投喂给肉牛发霉变质及腐烂过度的各种粗精饲料，此举是预防肉牛瘤胃鼓气的可靠健康保证之一。

（3）治疗瘤胃鼓气的方法多种多样，简单实用的有如下3个步骤

1）排气抢救步骤　对腹胀严重的病牛，应立即施行瘤胃穿

刺放气。具体操作时可在病牛左侧腹部鼓胀的最高处，用消毒彻底的套管针穿刺放气，整个过程应注意要缓慢放气，切莫放的过急过快。眼观胀肚病情较轻的病牛，应适当让其站立于前高后低的位置，头部向上，用胃导管排除瘤胃中的多余气体。

操作上述步骤的同时，旁边最好有人用双手在病牛的瘤胃部缓慢地反复按压，人工破使瘤胃内的多余气体慢慢上升并顺势排出。

除上述两个不错的方法外，还可将剥皮后的柳树木棍或臭香椿木棍横担在病牛口中。木棍的粗细以病牛嘴巴能够含住为宜，长短以露出病牛口角的5～10厘米即可；两端用绳子固定于两个牛犄角或者两个耳朵根处，使其在被迫中无奈又不断地张口舔舐，这样也可促使瘤胃中的鼓胀气体排出。多年来，我的养牛场或周边的养牛同行多采用此法。因其简单易行且对病牛没有任何伤害。同时，这也是多数养牛场内或在当眼处、或在犄角旮旯栽种柳树和臭香椿的主要目的；养牛场在绿化环境和净化空气的同时，更为了肉牛养殖中意外胀肚病牛取用时的方便，且不需花费一分钱，便能让胀肚病牛在短时间内顺利恢复了健康。

2）制止发酵步骤　在排除病牛瘤胃内过盛气体的同时，应迅速投喂止酵剂，如福尔马林，每头病牛需要灌服10～20毫升；或用鱼石脂15～30克溶于100～200毫升的食用酒精中，迅速加水适量并缓慢灌入病牛腹中，以期在对症药物的控制下尽快停止发酵，以减少瘤胃内气体的继续生成。

3）恢复瘤胃机能步骤　上述几个步骤视情况而定或完成或不宜使用后，可灌服酒精、松节油，肌内注射维生素B_1，静脉注射10%氯化钠溶液等。

（4）重症病牛要多管齐下，必要时由兽医切开手术

眼观胀肚属于重症的病牛要多管齐下，如经上述多法操作处置后，仍发现患牛还有张口伸舌、呼吸困难时，此状况已不宜用胃导管排气，而采用瘤胃穿刺仍不能顺利放出鼓胀的气体时，应马上请兽医主刀做瘤胃的切开手术，人工安全又迅速的取出瘤胃内多余物或放出气体后，同时应给病牛使用强心类药物或专人的精心护理。若是老龄肉牛或临近出栏的肉牛，建议不要手术，应准备车辆立即淘汰。

21. 土霉素注射液用于肉牛病患的效果很好，那可以直接给肉牛口服土霉素片吗？

土霉素是国内生产的众多抗生素之一，也是目前各大养殖场较为经常使用的一种廉价常用药，肉牛养殖中多使用土霉素注射液，土霉素片不建议给肉牛直接口服，这是为什么呢？下面请跟随养牛女人一起去看看专家是如何解说的吧。

（1）肉牛口服土霉素片后，容易引起消化道内机制和形态的骤然改变

成年肉牛多以草和料混合后的日粮草料为主食。肉牛进食后，消化草料除了依靠自身强有力的消化液外，还要依靠胃肠中大量的微生物。一旦直接口服土霉素片后，胃肠中的微生物很快受到抑制或被杀死，正常稳定的消化过程被一下子全部打乱，从而骤然发生消化机制的重大紊乱，并由此引出一系列的不良连锁反应。

如果养牛同行在盲目和不知中，一经给肉牛直接服用土霉素片后，可立即引起肉牛的少食、厌食、腹胀、腹泻及前胃迟缓等病症，随后引起消化道内机制和形态的骤然改变。肉牛服药后反应严重时，亦可引起后发性肠黏膜坏死、肠上皮细胞脱离、肠黏膜下层充血和水肿等众多的不良症状，对本已患病的

肉牛绝无半点医治上的好处，只会继续加重病情或引起更多的病患。

（2）土霉素片口服后，易导致肉牛发生"二重感染"的几率，引起中毒甚至死亡

肉牛自身的机体内存在一定数量的细胞和细菌，这其中即有非致病菌，也有致病菌和条件致病菌。在一般正常无恙的情况下，这些细胞和病菌彼此之间可以很好的"和平共处"，维持共同平衡健康的生存状态，一切都"平安无事"。倘若一下子或大量长期的给肉牛口服土霉素片后，这些敏感菌群立马受到了严重的抑制，耐药菌群因失去制约能力而趁机过度繁殖，越繁殖越多，大有失去控制或无法控制的态势。此种情形，自然会对肉牛正常的机体产生严重的危害，这种人为的非正常现象，临床医学术语就叫作"二重感染"。

给肉牛直接口服土霉素片的后果是极其严重的，如国内有某大型肉牛养殖场，新聘请刚从牧校毕业的年轻技术员，不知是年轻的技术员没经验压根儿不知道呢还是知道但遇事慌张愣给忽视了。有次，该技术员在给成年肉牛治疗胃肠卡他性炎症时，竟然给每头成年肉牛口服了12克土霉素。结果服药后不久便引起罕见的"二重感染"，多头肉牛先后发生极为严重的中毒现象，虽经养牛场内有经验的老兽医多方抢救，无奈下只是救活了其中的一部分，还是有2头体重过千斤、价格不菲、临近出栏的商品型成年肉牛不幸死亡。因着一小把小小的土霉素药片，直接造成经济价值几万余元的重大损失，原本这次死牛及肉牛中毒的恶性事故是不该发生的。

（3）口服12克土霉素药片即造成肉牛中毒的"二重感染"现象，其后果为何如此严重？

国内知名的多位养牛专家说："二重感染"的病原菌主要

为金黄色葡萄球菌、真菌和肠道革兰氏阴性杆菌，这些细菌足可引起健壮肉牛的肠炎、肺炎，尿路感染和败血症等。此外，肉牛肠道内的许多细菌，具有自行合成B族维生素和维生素K的能力，可随时供给肉牛机体中所需要的维生素，对肉牛自身机体的健康十分有益；而这类有益细菌一旦受到严重的破坏和抑制，则立即会引起肉牛的维生素缺乏症，对肉牛的身体健康严重不利。

土霉素注射液虽可用于肉牛常见病的有效治疗，且实践应用中的效果十分显著，为肉牛的健康和长势发挥着良好可靠的安全保障，其作用堪称肉牛健康和平安的"保护神"；但土霉素片却万万不能应用于肉牛病患的直接内服。

上述活生生因土霉素药片而死牛或肉牛中毒的鲜明例子，再次说明一个恒古不变的真理性话题：是药都有三分毒。不管是人用药还是兽药，在可以治病救命、消除病患的同时，如有使用不当或违反使用禁忌也可以害了生生性命。再者，药物的使用上不能因噎废食，关键得看药物怎样去合理使用，用药前一定要养成先看药物说明书的好习惯，此举万望养牛场、养牛散户和养牛新手都能够引起高度注意，以免不必要的经济损失在稀里糊涂中降临在自己身上。

22. 肉牛慢性出血性胃肠炎，发现后应该怎样合理的进行治疗？

肉牛慢性出血性胃肠炎是牛群间的常发疾病，常因投喂变质和发霉饲料或饲料中混有沙土等的不洁异物所引起。虽说肉牛有喝"涡水"（脏水和污水的意思）也不会生病的民间说法，但如果提供给肉牛的饮水过度不洁净也能引起该病发生，如传染病像巴氏杆菌病、炭疽等均能引起肉牛患上继发性急性肠炎的可能，若救治不理想时会转成慢性出血性胃肠炎。

多数本该避免的不良原因引起的肉牛急性胃肠炎的病程较短，如诊断准确、及时治疗、用药得当的话，少则2～3天，多则5～7天即可完全治好；但这期间也不排除个别病牛会转为慢性出血性胃肠炎，常因久治不愈、不见起色、日渐虚弱而倒地死亡。

患有急性胃肠炎经治疗效果不佳的、或时好时坏间又慢慢转为慢性出血性胃肠炎的病牛，其症状主要表现为突然间减食，病初多会出现便秘现象，眼观病牛所排的粪便不仅成球形且过于干硬；病牛没有了往日足足的精气神，有耷拉耳朵、离群独处、被毛粗糙乱立、口干鼻噪且没有鼻汗，用手触之感觉有发热现象；病牛的腹部常呈蜷缩无肚状，后期频频出现拉稀下痢、粪便黏稠且混有脓状血液；再后期病牛瘪肚子的现象会更加的突出。

个别肉牛一旦患上该病，虽经多次治疗，疗效一般多不显著，有时病程会拖至10天至大半个月。据此，已基本可以确定病牛已经转为慢性出血性胃肠炎，应及早采用肌内注射止血剂和静脉注射的方法。该病一旦确诊且用药对症时，治疗中发现效果还是较为明显的，且病愈后的肉牛恢复正常、长势良好。

23. 肉牛养殖中离不开各类常见抗生素，那病牛的抗药性是怎样产生或有效避免呢？

当前，肉牛养殖行业如何科学合理的来有效使用广谱抗生素，避免重复用药或减少抗药性的产生，是当前肉牛病害管理中不得不重视的一个重大问题。针对抗生素出现在肉牛身上或隐或现、或轻或重、或急或缓、或长或短等诸多状况不等抗药性存在的残酷事实，养牛女人下面将围绕着抗生素有抗药性的这个话题来简单的叙说一下。

（1）肉牛常见发热性疾病，用药前要弄清是细菌感染还是病毒感染

对于当前肉牛较为常见的发热性疾病，有条件者首先应在当地的动物检疫部门、或畜牧局下设的畜牧兽医检测部门进行病毒检测。首先要弄清肉牛常见的发热性疾病，到底是细菌感染还是病毒感染，切莫在不分病因、没有确定发热种类时，就盲目使用广谱抗生素或高档昂贵的其他抗生素，避免花钱用药后出现效果平平的尴尬，严重影响肉牛病体的早日康复，于正常的养殖十分不利。

1）因病毒性疾病致使个别肉牛患病发热的　此种情况下给予使用抗生素治疗不但没有效果，还很容易致使患病肉牛对抗生素产生耐药性。鉴于此，针对个别肉牛发热治疗中的这一症状，倒不如直接使用应对此发热症状的血清、克隆抗体、白细胞干扰素等的生物制剂，发现这类药品在病牛发热的实践救治中效果会更好一些。这就是肉牛养殖行业内俗话所说的"看透了病、摸透了症、药物克了病"。

2）因细菌性疾病导致个别肉牛患病或受伤后发热的　如经过检测后得知个别肉牛患病不是由病毒所引起，而是由于细菌性的疾病导致个别肉牛患病的，那么就好准确"下手"进行医治了。首先要根据药敏试验结果完全安全后，才能给患病肉牛或受伤肉牛选择最佳的抗生素药物进行治疗。患病肉牛在接受抗生素治疗的几天时间里，在对症药物和人为悉心喂养下的双层作用下，多会逐步恢复到未患病前那种正常状态的。

如腿部意外受伤的小牛犊，在经过细心又妥善的前期处置后，经抗生素的治疗已收到较为不错的效果。从受伤到短短几天的治疗中该犊依旧会调皮的到处玩耍；若不是腿部包扎着红色的固定绸缎，任谁也不相信是个享受重点保护或正在打针吃

药的受伤牛犊子。

（2）即便爱牛心切，也不要轻易给发热病牛使用价格不菲的高档抗生素

个别肉牛由于体弱体瘦和自身免疫系统低下等的多种原因而出现发热现象后，治疗中由于治疗心切或利益驱使下，养牛同行最易盲目使用价格不菲的高档抗生素，此举也是致病牛产生抗药性的一个重要原因。一些没有专职兽医的肉牛养殖场、养牛散户的个别肉牛一旦发热生病，养牛的人们多是爱牛心切、也多往往心急如焚；常会主动要求给发热病牛使用高档药物，即价格不菲的抗生素。同时，现实中也确实有为数不少的个体兽医，为最大限度的追求其所售药物利益的最大化，更是巧嘴如簧、极力向客户推荐高档价高的各种抗生素，导致肉牛养殖业使用高级广谱抗生素的现象越发普遍难控。殊不知，在个别病牛"特殊时期"难抵诱惑的购药过程中，这样盲目购药和滥用抗生素的同时，不仅会造成经济上的无辜浪费，而且有的药物还会杀死发热病牛体内正常有益的病菌，更是极易促使病牛产生抗药性，也就是本文所说的抗生素在病牛身上出现了不该有的抗药性。

如肉牛一些发热性的疾病，如果单独使用青霉素、氨苄青霉素、柴胡、安乃近等的治疗效果就很好。对于如何理性的来使用抗生素这个问题，养牛女人坦诚的认为，其实根本不需要使用广谱或高档价高的抗生素，如各种头孢等，尤其是那些特别价格昂贵的名品大牌抗生素。

（3）发热病牛治疗时切忌剂量小、疗程短，或不按疗程序给药

在给发热病牛的治疗中切忌小剂量，短疗程，或者干脆不按照救治疗程给病牛用药。肉牛养殖的现实中更有不在少

数者，给病牛用药治疗时常常是说用就用，说停就停，一切按照养牛者自己的性格脾气而定，完全置病牛合理的治疗程序于不顾。此种如浮云漂浮不定、或游戏般不严格不规范的用药方式，其实也很容易诱发病牛的机体内产生抗药性，且这种抗药性是在不知不觉中自发形成的。

其次，因多数抗生素有个世人尽知的"怪脾气"，那就是抗生素在使用中一定要达到足够的剂量，才能起到应有杀菌抑菌、抑制病灶的明显效果；倘若应用的抗生素药物，一旦达不到应有的剂量和深度，其杀菌抑菌、尽快消炎的优良效果同样也就达不到。再者，抗生素的使用疗程最好要达到5～7天。否则，有时极有可能会导致病牛的急性感染转为慢性感染，甚至致使发热病牛出现感染情况，呈现我们不愿看到的反复发作态势，如果真的那样可就麻烦大了。

肉牛养殖的现实中，遇有个别病牛要治就务必一次性的彻底治疗好，切忌治疗中有拖拖拉拉、跟细水长流似地治着"玩"儿。因此，在给个别发热病牛使用抗生素时，敬请务必牢记这一点。

（4）抗生素药品目前品种繁多，怎样选择应用方法如下

目前，品种繁多的抗生素药品有窄谱和广谱之分，其中既包含有高低档次之分，也有价格贵贱之分。哪些抗生素药物可以作为病牛的初选用药？哪些抗生素又是病牛患病中期的入选用药？而哪些抗生素又可作为其后期的选用药？这一连串的问号，还有这些看似生硬难嚼的初期用药、中期选用药和后期用药的颇规范用药术语，并不是我们不能理解的。养牛劳作的闲暇或平时专门拿出些功夫，仔细揣摩、细心比对，用心记住，相信用不了多长时间自然会从心底深处彻底弄明白的。只要我们用心了，其实也就感到一点也不复杂，只需根据已经形成文

本的规范用药程序，直接拿来或买来给病牛治疗使用就是了，这也是现代兽医科技带给我们的方便和实惠。

只要我们能够满足病牛使用抗生素药物的剂量，适时把握住使用时间或选对应用药物，才能充分发挥出抗生素杀菌和抑菌的良好效果；同时还能有效避免因抗生素使用不当而随之产生的诸多抗药性。

（5）抗生素单方复方联合应用需慎重，联合用药配伍必须牢牢记心中

发现个别肉牛出现异样又必须使用抗生素时，应在合适的时间合理使用单方和复方，此举可有效避免病牛抗药性的产生。为了有效预防或杜绝抗生素使用后产生的抗药性，应根据已经形成文本且十分成熟的抗生素用药原则，即首先给个别病牛使用单方窄谱抗生素，不恰当的复方药物组合、或抗菌广谱类的药物联合应用的效果，治疗中效果有时并不是十分的那样好，下面简单介绍两种合用效果截然不同的应用组方。

1）氨苄青霉素与克林霉素磷酸酯组成复方有害无疑，目前已经得到普遍公认。建议养牛同行别再给病牛继续使用该组方，以免治疗失败。

2）头孢噻肟钠与丁胺卡那组合复方，对大肠杆菌、肺炎克雷伯菌、铜绿假单胞菌有很好的协同作用；二者合用，则对防治这两种药物产生抗药性很是有利。现实给病牛的应用中也觉着屡试屡爽，十分的称心如意。

（6）抗生素用药前需做药敏试验，合理对症才是使用效果的关键

在给病牛使用抗生素前，需要预先对病牛进行必有的药敏试验。提前试验可以帮我们准确的选用抗生素，提前预防或避免个别病牛抗药性的产生。

在肉牛养殖的日常管理或细心观察中，一旦发现病牛后应养成用药前的药敏试验；然后根据药敏试验后的具体结果，哪种药物敏感就优先使用哪种药物，这也是安全用药中的唯一便捷途径。唯有这样才能科学合理、准确对症的确定抗生素的用药种类，从根本上尽量减少或避免盲目用药或滥用药，理性又准确的缩短病牛的治疗时间，稳步又逐渐的提高相应的治疗效果，最终还会节省治疗中不必使用的药物费用；两全其美的同时，我们只有选择正确的或安全的，这也是所谓的养牛之道。

上述这些看似繁琐又难记的合理用药程序，其实一句话说白了，就是严格按药物说明书和兽医医嘱规范用药，此举更是预防或延缓抗生素抗药性产生的有效途径。其次，为了有效预防病牛抗生素抗药性的产生或蔓延，养牛专家也建议我们不妨直接使用中药制剂或中成药；因稍稍麻烦的背后，带给我们的却是病牛的尽快康复或更加的安全放心。

24. 抗生素与免疫多糖在肉牛的养殖中可以互补使用吗？二者目前都有哪些优危并存的实践效应？

抗生素不仅是人们日常生活中常常听到的且又比较熟悉的三个字眼，抗生素在肉牛的养殖中也是比较常见或常用的药物之一；可是这其中又有多少养牛同行在使用抗生素的同时，真正了解抗生素在养殖中的潜在危害呢？以至于怎样才能算是合理使用或者杜绝使用抗生素类药物呢？必须使用时又要完全符合国家对食品安全的要求，再就是我们要采用什么的药物替代方式，来找寻到既安全实用又能达到天然绿色、无公害的牛肉产品来满足市面的供应呢？养牛女人下面还是再从抗生素的潜在危害啰嗦几句吧。

（1）抗生素长期给肉牛服用，易引起潜在肠道功能异常或失调

凡事都有正反两个方面，种类繁多的抗生素更是不例外。在肉牛养殖中，已知抗生素会危害神经系统毒性的反应、造血系统毒性的反应、肝和胆之间的毒性反应、胃肠道和消化道间的反应，尽管这些反应都是可以忽略不计也是兽药标准中所允许的。倘若一味无序的长期或盲目给所养健康肉牛服用抗生素的话，无形中可导致错杀肉牛体内正常的益生菌群，造成胃肠道和消化道的一些不明失调，从而引起潜在的多种肠道功能异常、及其他已知或未知的不良反应。此外，前面还已经讲过抗生素可致益生菌群失调或流失，有可能引起维生素B和维生素K的缺乏，严重的还可引起病牛的二重感染，反而起不到应有的抗病作用。

养牛女人还是那句老话：好东西不可多用。肉牛养殖中千万不能拿抗生素给健康牛或病牛当"豆"吃，"豆"有时候让牛吃多了，也是会吃出毛病来的。

（2）抗生素的过敏反应和使用后的后遗症效应，是目前最让人头疼的现实问题

抗生素医治病牛发热疾病或意外受伤固然很好，这点有目共睹无需多说；但目前最让人头疼的是抗生素的过敏反应，以及使用抗生素后的后遗症效应。

1）抗生素的过敏反应　一般分为过敏性休克和过敏性中毒。这些抗生素过敏症状一旦出现的话，必然会相继引起病牛血管神经性水肿、或变态反应性心肌损害等的众多不良症状，与病牛原本虚弱的身体无益。

2）抗生素的后遗症效应　是指停药后的后遗生物效应体现。抗生素首先破坏了病牛原有消化系统的平衡；其次抗生素

的这种后遗症生物效应，必须要通过病牛肝脏等的器官来解毒和运作，此举一下子便骤然增加了病牛肝脏等的正常运转，短时间内增加病牛内脏的负担成为必然，同时病牛这种看不见摸不着的难言痛苦也更是逃脱不掉的，而带给我们养牛者的痛楚也莫过于此。

养牛散户和养牛新手倘若常常使用抗生素的话，在一定程度上对病牛肝脏器官的损害比较严重，且肉牛养殖或出栏牛肉品质的安全性也有一定的影响。因国家对食品安全的监管会越来越严格，细节方面的要求也会越来越精细化，此点衷心希望能够引起养牛同行们的高度重视。那就是养殖中一定要慎重使用抗生素，尽量少用抗生素或干脆不用抗生素，依托独特熟练的养牛技术来完善肉牛养殖中的一系列问题，直至育肥肉牛能够在不生病、少生病或偶有生病的状况下，安安全全、顺顺利利的出栏上市，在为社会提供优质放心牛肉的同时，也收获了我们辛苦操劳后应得的那一份。

（3）免疫多糖（黄芪多糖）能增强肉牛综合抗病能力，可有效缓解抗生素使用后的某些缺陷

近年来肉牛养殖的实践中发现：免疫多糖（黄芪多糖）在肉牛日常养殖中保健和调理的效价较为优势，并且也是极为突出的。

免疫多糖（黄芪多糖）是一种天然中草药物，经过高温蒸压提炼多种糖体的绿色无公害产品，在其加工工艺方面比较注重绿色食品的品质要求，完全符合国家对养殖业的无公害药物品质的严格要求，是肉牛养殖业中不可缺少的一份子。目前也是国内多个畜牧权威部门较为提倡并推广使用的绿色保健产品，且养牛同行使用的比例正在稳步的增加，这是令人欣喜或欢心鼓舞的。

免疫多糖（黄芪多糖）用于国内众多的肉牛养殖业，主要是增强肉牛自身综合的抗病能力，变相提高肉牛身体的免疫力，起到开胃调理和抵抗病毒的良好作用。

近年来肉牛养殖业的实践使用效果充分证明：免疫多糖（黄芪多糖）无重大药物残留、无特别明显的毒副作用、无抗药性的存在，在一定程度上可以激活病残肉牛一些沉睡细胞，促进正能量和蛋白质消化吸收的利用转化率，可促使和维持肉牛正常免疫器官的正常运转，提高病牛受损免疫器官的尽快康复，还有提高健康肉牛的增重、增加利润空间的喜人实际作用，是肉牛养殖业中不可多得的绿色保健药物之一。这也是免疫多糖（黄芪多糖）和抗生素之间的巨大差距，二者之间的优危比较一下子有了明显的区别。

文至末了，养牛女人还是那句老话：肉牛养殖中疾病的预防大于治疗，看似与养殖无关疼痒、强体保健的"文章"实则更是大于治疗的。

25. 规模化养牛场门口前干涸的消毒池，对养牛场有消毒作用吗？

养牛女人养牛多年后，不知不觉中竟然养成了一个"怪"毛病。那就是无论去哪里，无论看到哪个养牛场，都会本能的停下车子或低速缓慢地驶过人家养牛场的门口，为的就是能尽量瞧个仔细。说句实在话，养牛期间我见过的养牛场真是不少了，自己也感觉见得挺多的，于是乎我就发现了这样一个有趣的现象，很多养牛场或在门口外边或进入其中，均发现场区建设的规矩齐整，门口消毒池修的或大或小、或深或浅，绝大多数都是中规中矩的式样，皆符合或达到畜牧主管部门的行业验收标准，但美中不足的总都是池中干涸见底。有时闲来无事，也会偶问人家或有意无意中说起为啥池中不加消毒水时，对方则千篇一律的轻轻松松答曰：一来近期没有上级来检查的；二来当地也没有牲畜的疫情发生，加消毒水干啥，还不够麻烦或污染门口环境的，不光不好看，也没有一点必要性，关键是净瞎啰嗦。养牛场人员或看门老汉回答没有疫情无可厚非，这也是我们所有养牛人内心的愿望所在；但是这种回答却是南辕北辙，甚是让人好笑。当地没有疫情，加消毒水也就没有必要了。既然加消毒水没有必要，看来消毒池的建造也是多余的鸡肋，更是名副其实的摆设。

养牛女人为何专把个小小的消毒池拿出来说事儿，究其原因其实很简单。我们口中整天将牛场标准化，设施标准化，再具体到标准化养牛场示范创建等的好听口号，其实这其中的消毒池是再基础不过的一个小小细节。消毒池既然列入目前标准化养牛场的必备之"物件"，足以表明消毒池的作用不可小觑，但就是这硬性标准化的基础环节，很多养牛同行却没有真正真实的落到实处。建设一个消毒池和动则几十万、几百万或投资更大手笔的规模化养牛场来比较，其投入真的不是很大，也就是毛毛雨儿，小到可直接忽略不计；就是再论定期更换消毒水的费用，一年下来的费用总和，估计所有的养牛场都能承担得起。但是，为何这投入小、见效大的进场消毒问题，却没有得到养牛场主足够的重视。此细节也足以说明畜牧业标准化建设不是难以逾越的鸿沟，而人们淡漠的理念才是最大的障碍，小小干涸的消毒池难道不是最具说服力的吗？

如果我们在迎接上级检查时口头高呼标准化，等领导一走其行动却是极为迅速的轻视化，根本不把养殖标准化、消毒常规化落实到肉牛养殖的实质中，却总是在做自欺欺人的无厘头游戏。养牛场标准化不是高而深远或不敢触碰的东西，而是许多细节汇总的年积月累。养牛场如果没有扎扎实实的真正完善或落实好诸如消毒等的细节，就没有达到标准化养牛场所倡导的真正理念。通过养牛场消毒池干涸无水这个环节来看，养牛场标准化还有很长的路要走。要想充分落实好各地出台的养牛场标准化建设，就让我们从消毒池加上几角钱的消毒药水开始吧。

26. 标准化养牛场为啥必须要认真搞好消毒工作？

为了解决当前肉牛产品质量安全的问题，国家在1号文件里明确表示要拿出大量资金专门支持肉牛标准化养殖场家；其次，社会对标准化养牛场的要求也是高起点、高标准的，且各个方面的综合要求会越来越高、越来越严格，因这是社会高速发展带来的方针策略和必然趋势。

在全国各地标准化肉牛养殖场家的建设大潮中，养牛同行们也一致形成了共识，只要标准化的肉牛养殖示范有了，无疑会带动周围更多的养牛场家。在标准化养牛场的直接影响下，其出栏上市的牛肉产品自然更加的安全。但在高高的投入下面，我们需要考虑的是如何真正落实养牛场的标准化，尽快实现物有所值、尽快回收应得的投资款项，真正品尝标准化养牛场带给我们的深远影响和实惠。

标准化肉牛养殖场一路前行的大方向有了，时下追求的目标也变得明朗明确了。尽管如此，可是我们心中的养牛场标准化理念却尚存在很多缺欠，如养牛场消毒池的不规范使用，实际就和肉牛养殖现实的环节环环相扣；只是很多时候我们却完全不拿着消毒当回事儿，压根儿不把原本十分重要的消毒工作，当作一个养好肉牛的正事儿来严肃对待。因我熟知，持这种想法或抱有这种态度的养牛同行，目前周边真的还有很多很多，恐怕一时半会儿数也数不过来。

养牛场门口或门内的消毒池，这个看似平淡无为的小小"玩意儿"，事实上就是养牛场标准化基本落实工作的其中之一处，而恰恰就是这些不起眼的细微之处，往往也是巨大损失造成时的莫名前奏，这种难以启齿或不为人知的惨痛教训各地可谓比比皆是；而类似消毒池这样小小"玩意儿"的落实与否，需要的不是我们要有多大的投入，关键是养牛同行们内心自愿的那份认可和重视。当今社会呼吁从事养殖行业的我们要时常更新养殖理念、提高肉牛养殖行业的整体面貌，其实说到底就是所有的养殖人员要整体的提高素质，才会迎来社会对肉牛养殖从业人员的一个重新认识。因从前的脏、乱、差或臭气熏天、臭不可闻及乱糟糟臭烘烘等等的不雅字眼，往往都是社会大众给予养牛人撕都撕不下来的个性标签。社会在不断发展，人们更加文明，我们为什么还得继续顶戴着这个不雅的个性标签呢？细想下，也到了该是自己摘掉的时候了。

　　山东青州大大小小的养牛场很多很多，几乎遍布于全市乃至周边（去临近的县市承包土地养牛的青州人更是不在少数）的各个角落。虽说青州多年来从没有重大疫情发生过，但三三两两的肉牛偶染病疾也是常有的事。如若消毒工作做的不踏实、不到位，无形中也会起到推波助澜的坏作用，也会给养牛人造成或大或小的经济损失。养牛女人养殖肉牛十多年来，我的养牛场却从未遇到过特别"令人揪心"的病害损失，这不能说与我们切实有效的适时防疫有关，起码也离不开门口消毒池那一汪消毒水的"功劳"吧；别人对消毒池持有不同异议我管不了那么多，但起码我是这么认为的，也是长期坚持这么做的。今后我们还会把养牛场内外的各项消毒工作做好，并且要切切实实的落实到实处，而不是如上面所说的仅仅是摆摆样子、当当"花瓶"罢了。这种自欺欺人的做派实则也是到了如同养牛场一样，是到了该彻底"消消毒"的时候了。（见彩图24）

后 记

养蛇十多年后我又养上肉牛了，养牛十多年后我要编写我养牛史上的第一本养牛书了，确切的说是养牛"处女作"。为了这本养牛书的顺利完稿，我会如养蛇般付出心血和精力，把养牛书编写好，不负自己的辛苦与付出，更是不敢辜负科学技术文献出版社的这份看重与托付。

为什么要这么说呢？且说的如此慷慨与激昂。因为编写养蛇方面的书我有基础、有素材、有经验，可谓轻车熟路；而初次涉猎编写肉牛养殖方面的书则直接缺少这些最基本的东西。我平时的爱好和精力统统都给了钟爱的"蛇儿们"，所养的肉牛其实就是落在"后娘"手里的苦孩子。自己多少年养殖风雨路走过去了，可肉牛一直都"进"不了我的内心深处。不是因着肉牛憨块头样的笨拙笨重，也不是肉牛不如我的"蛇儿们"乖巧，可能就是"与牛无缘"吧。虽说肉牛在我心中没有多少"地位"，也赚取不了我的些许"牵挂"，可肉牛是老公眼里的"梦中情人"，他则是个彻头彻脑的多情"金派牛郎"（老公姓金）。我对肉牛的那些点滴了解，完全源自我家"金派牛郎"对我的温情灌输，当然可不是循序渐进或有章可遵的那

244

种，是强迫的、无时无刻的，有之过无不及的那种，挺招人反感的。反正无事时说话间，张嘴闭嘴的就是这个牛圈那个牛棚的；今天咱家的牛这样了、明天牛又那样了；北院的牛赚了多少钞票、南院的牛基本没赚钱还倒贴多少；东棚的红白花牛今天产下个百十来斤的大牛犊，西棚的黑白花牛估计明天也得产牛犊了……

十多年来的每时每刻，反正自打我家养上肉牛后，只要我们两口子在一起，见缝插针、无时无刻都在听老公说牛的情景中度过，我感觉自己也成"牛婆"（养牛人的老婆，昵称或简称！）了。有时我也愤愤的傻傻的想：幸好没去医院的五官科检查检查，一查管保耳朵里长满了茧子。嗨！都是成天让老公说牛给唠叨的。

抱怨归抱怨，天长日久、日久天长，在老公十多年如一日的肉牛养殖"说教"下，不知从何时算起，我对肉牛竟也像对自家"孩子"般的了解，不了解不行啊！禁不住老公每天硬往耳朵里"灌"，就是听不进去也"飘"进耳朵不少去了。谁承想平时这些令我特烦的养牛啰嗦事儿，现在竟成了我编写养牛书中的第一"地道"素材，一下子垃圾变"珍宝"，瞬间被我"宝贝"的不得了。

这不，自从接下要编写出版养牛书的这桩"正事儿"，每天晚饭后趁着电视连续剧插播广告的间隙，我便"柔声"央求老公把电视声音转换到静音上，递着笑脸"求"他给我讲肉牛养殖中的细节和育肥过程的关键。面对放下身段、柔声细语、腆着笑脸、别有用心的我，老公"虎"着那张似李逵张飞般的黑脸、似乎一下子也变的"能"（青州土话有本事的意思）了许多，他用半是教训、半是显摆、半是"装"的口吻，跟我打开了肉牛养殖的话匣子，拉起了他的养牛"呱"儿。我呢，则麻利儿拿出事先早已备好的记事本，虚心的边听边记、边记边问，还不时的和老公就牛圈里面某一牛的问题交流半天，生怕遗漏重点或把答案数据等的弄错了。此时的我、曾经 "河东吼狮"般的一个人宛如一个听话规矩的小学生，好几次虽然好看的电视剧早已开播，可我们对此却浑然不觉、甚至不感兴趣了，因我们的兴奋点和谈话的融洽点已然全都在牛身上了。

幸亏老公的脾气还算好，当然也是刚刚勉强及格的那种，现在是遇上平时不愿学习养牛知识的老婆，愣是干瞪眼也没有一丝儿办法；但我也深深的知道，可能不等我把养牛的书编写好，老公的好脾气早就被我"折磨"的没有了，剩下的大概只有如牛般的倔脾气。不等到那时反正书已经交稿，就是想吹胡子瞪眼的，我也早就见事不好闪人了。

有时想想、确实没有必要把自己弄得这么累。其实，我在"接"肉牛养殖的书前，已经"接"下另一家出版社邀约编写养蛇书的"活"。掰指算来，应该是我的第7本养蛇书，约好7~8月份交稿。可喜欢不断挑战、战胜自己的我，与肉牛打交道也这么多年了，没编写一本肉牛养殖方面的书，总觉着挺对不住自己的、也没有多少意义可以体现，正好科学技术文献出版社有这个意向，咱们双方自然一拍即合。尽管养牛书定下来的晚，但我毅然把养蛇书先推后，等牛书交稿后再去忙活养蛇的书。嗨嗨！是不是热衷养蛇的我冷不丁的有了牛脾气，此刻自己也觉着有些像，不愧是"金派牛郎"的老婆。

关于编写肉牛养殖方面的书，老公也一再劝我别"接"别写了，就是"接"下来，也好好跟出版社说说不写了。写书既费心劳神、又搭上功夫还不带赚钱的，你还把我生拉硬拽上，让我也跟着不得安生。我立即快嘴抢白道：那你平时不是挺爱说牛的吗？怎么到正事上反倒熊了。哎！俺的老婆子啊！你怎么听不出孬好话了，今年集中精力编好你的第7本养蛇书就中了，你还不嫌累得慌儿！还嫌自己的颈椎腰椎疼的差……

老公不急不慢、不温不火的一席话，着实话糙理不糙，倒也是我的实情。伏案"敲"书着实是个枯燥无味的糟糕差事，急不得慢不得，得前言后记、序言提纲、大概框架、内容提要、分类细节、图片插放、附记注解、外加一部分紧卡段落的小贴士，必须得一一梳理清楚，稍有不慎或校对不严谨，一旦印刷成册、出版正式发行了，那可是要被人笑掉大牙的。其实不用别人笑话，就是自己这一关也过不去的啊！

我知道编书的苦、敲字的累、校对时的烦，但这所有的一切更是我写作的力量和幸福的源泉。自己选择并答应好出版社的，既然已经应允了承诺了，就是再苦再累、再恼再烦，我都愿意坦然接受并积极面对。走我想走的路、做我想做的事、编我想编的书、写我不想写的养牛如嚼蜡般"口水文"式样的书，即便是再累上个年儿半载的，再瞅瞅自己电脑文档里拖拽不完的累积文字，顿时感觉自己也挺"富有"的。有的人喜欢往银行的折子上存钱，我却喜欢在电脑文档里攒字，人个有爱，我快乐的幸福指数不过如此，简单的不能再简单了。此时此刻，我内心坦荡荡的个人独白就是：写不写的在我，看不看的在你，重要的是我每天都在伏案"敲"写我所钟爱的"牛鬼蛇神们"……

最后，我借用某位暂时失败女的一段话，来作为该篇的结束语吧：

门是窄的，

路是长的，

创作是孤独的，

但是我的心是坚定的，

为了这份孤独，我愿意一直前行。

青州养牛女人顾学玲写于"安"在养牛场的"家"中

2013年2月27日　星期三